羞 涩 与 社 交 焦 虑 手 册

THE SHYNESS&SOCIAL ANXIETY WORKBOOK

原 书 第 3 版

[加]马丁·M.安东尼 Martin M. Antony

理查德·P.斯文森 Richard P. Swinson —— 著

王鹏飞　李　桃——译

重庆大学出版社

推荐语

安东尼和斯文森把他们的专业知识结合起来,帮助读者了解并减轻社交焦虑。为应对恼人的社交焦虑,两位作者在书中提及了该问题的方方面面,包括最前沿的信息及实证策略。这是我推荐给我的社交焦虑患者的第一本读物,它清晰有力的建议能帮你更好地享受生活!

——乔纳森·S.阿布拉莫维茨博士

北卡罗来纳大学焦虑与应激障碍项目主任

社交焦虑和羞涩变得严重时,甚至会妨碍人们愉快地生活。对任何想学习如何更自在地去社交的人,这本书都是理想之选。安东尼和斯文森对社交焦虑症采取了行之有效的疗法,为了适应非医学领域读者,他们对这些疗法做了改编。此书描述的循序渐进的疗法被证明是行之有效、浅显易懂的,并且一定能帮助读者更好地应对社交情境。任何在自我表现或与他人打交道时感到很焦虑的人,都应该读这本书!

——艾伦·T.贝克医学博士

宾夕法尼亚大学精神病学名誉教授,认知行为疗法之父

这是一本由世界著名的专业临床医生和焦虑症领域的研究员共同撰写的优秀著作。安东尼和斯文森以清晰的文笔,给读者提供了社交焦虑及其治疗的最新信息。最重要的是,这本书为克服该失协症提供了循序渐进的方法。这是社交焦虑患者的必读物!

——米歇尔·G.克拉斯克博士

加利福尼亚大学洛杉矶分校心理学教授

如果你在克服社交焦虑方面有困难,你会发现安东尼和斯文森的这本书是一本很优秀的著作。经验丰富的两人提供了一份绝佳的路线图,指导你通过努力克服焦虑,从而提高生活质量。基于认知行为疗法的可靠性和许多科学研究的成果,本书描述的疗法将帮你在与他人相处或成为焦点时感觉更自在。你唯一要做的就是付出努力,并应用这些策略。祝你在这条路上一路顺风。

——理查德·海姆伯格博士

天普大学成人焦虑症门诊主任

这是一本由心理学家和精神病学医生共同撰写的优秀书籍,其适用于任何希望以结构化的自助方式来克服社交焦虑症或羞涩的人。这本书可以单独使用,也可以与医师治疗配合使用。作者都是该领域的专家,他们提供的疗法是基于最新的研究成果。该书为读者提供了练

习和任务表，为克服羞涩和社交焦虑，他们需要付出大量的精力。

——杰奎琳·B.伯尔森博士

加利福尼亚大学伯克利分校心理学教授

安东尼和斯文森的这本书给数百万被社交焦虑困扰的患者带去了希望，让他们能把握未来。这本书清晰、实用、易懂，最重要的是，它建立在坚实、科学的基础上。关于治疗社交焦虑症的章节特别有价值，能真正帮助患者调整策略。我强烈推荐此书给任何想要克服社交恐惧的人。

——罗纳尔德·M.拉比博士

澳大利亚悉尼麦考瑞大学情感健康中心杰出心理学教授

安东尼和斯文森采用通俗易懂的形式，为读者提供实用的建议。这本书对那些因患社交焦虑而无法幸福快乐地生活的人来说，是无价之宝。

——默里·B.斯坦医学博士

加利福尼亚大学焦虑和创伤应激障碍研究项目主任及精神病学教授

如果你正在为躲避社交情境而埋单，那么你就不必等到"准备好"才踏入外面的世界，让这本书助你一臂之力。当这本书中的内容让你受益匪浅时，这个计划将意义非凡，你会真正地感到自信心在增长。如果你像我的客户一样运用这些清晰的策略，很快你就会从你的勇敢之举中获益。

——里德·威尔逊博士

美国焦虑症协会主席，《远离焦虑》的作者

前　言

羞涩和社交焦虑普遍存在。在公众面前演讲或与他人打交道时，几乎每个人都会时不时地感到紧张或焦虑。我们总想知道自己陈述得好不好，初次约会有没有给对方留个好印象，或者面试时有没有让面试官耳目一新。事实上，即使是常年在公众面前亮相的名人，听说（通常是他们自己描述）也在某些情况下或生活的特定时刻感到非常羞涩。这是一部分名单：

- 大卫·鲍伊（音乐人）

- 玛丽·翠萍·卡彭特（音乐人）

- 哈里森·福特（演员）

- 金·卡戴珊（娱乐界名媛）

- 妮可·基德曼（演员）

- Lady Gaga（音乐人）

- 大卫·莱特曼（脱口秀主持人）

- 亚伯拉罕·林肯（美国总统）

- 米歇尔·菲弗（演员）

- 布拉德·皮特（演员）

- J. K. 罗琳（作家）

- 克里斯汀·斯图尔特（演员）

芭芭拉·史翠珊、卡莉·西蒙和唐尼·奥斯蒙德都公开表达过焦虑对他们的困扰，以及其如何影响他们的舞台表现。事实上，唐尼·奥斯蒙德曾担任美国焦虑与抑郁协会董事会的名誉成员，他说："我已经和很多人交谈过了，而这些人曾对他们的焦虑障碍漠然置之，因为他们对此都感到无能为力。我想让人们知道，他们并非孤军奋战，还可以从书中获得帮助。"就连电台名人霍华德·斯特恩也曾形容自己，在直播室的安全范围之外时感到非常害羞。

从轻微到完全失控，羞涩和社交焦虑的严重程度不一。在极个别情况下，社交焦虑会让人无法正常交友、工作，甚至无法置身于公共场合。不管你的社交恐惧症严重与否，本书中所描述的策略都会有效地帮你解决社交焦虑问题。

我们建议你在阅读本书时按照各章节的先后顺序依次读下去。前几章旨在帮助你认识社交焦虑的性质，以及如何测评自己的社交焦虑。然后，我们再讨论不同疗法的利与弊，帮你在现有的治疗方案里做出选择。接下来的几章详细讨论了各种疗法，包括药物治疗、改变焦虑思维的认知疗法、直面恐惧情境的暴露训练；正念和接纳疗法，即改变情感体验和思维方式的疗法，还有如何调整交流和表现技巧。本书最后一章介绍了一些维持疗效的策略。

本书和其他自助书籍在很多方面都不同。你在市面上能找到的很多关于羞涩和社交焦虑方面的书中，这是第一本以做练习的形式写成的书。书中有很多练习和训练，旨在让你学会克服羞涩和社交焦虑的一些基本策略。我们建议你把书中所有的空白表格都填上。另外，把个人需要的表格复印一些，以便在未来几个月里可以继续使用。

本书之所以和其他很多书不同，还在于我们推荐的这些策略都已在精心设计的临床研究中被广泛应用过。在致力于帮助人们更有效地应对自身焦虑之余，我们还积极投身到对焦虑的性质和治疗的研究当中。我们确定，当患者将本书中所描述的技巧应用于临床治疗中时，他们的社交和表现焦虑症状普遍明显减弱（Weeks，2014）。实际上，我们采用的都是已在治疗中被证实有效的疗法，因此我们已把它们改成了适合自助治疗的模式。所以，你并不需要治疗师的指导就能自己实施这些疗法。最近也有调查显示，我们的自助疗法（参照本书前一版）同样能有效减少社交焦虑症状（Abramowitz et al.，2009）。这本手册可以单独使用，也可以在定期接受专业心理咨询师治疗的基础上配套使用。事实上，我们撰写本书的目的之一，就是让我们自己的患者能在治疗过程中有一个好的参考。

我们全面更新了第 3 版，加入了最新的科学知识和有关羞涩和社交焦虑性质与治疗的参考资料。例如，我们在第 2 章中增加了有关激素对社交焦虑症的作用的新内容,这些激素包括皮质醇和催产素。新加入的内容,反映了我们对这些激素可能参与治疗羞涩和社交焦虑的最新认识。我们还修订了第5章,加入了关于药物的最新信息,包括新的抗抑郁药、抗惊厥和抗精神病药,这些药物最近被用于研究治疗社交焦虑症。我们精减了一些章节的信息,并重写了那些过时的内容,增加了许多新的例子和图示。第9章通过正念和接纳与承诺疗法应对社交焦虑,也是本版新增加的内容。最后,我们更新了本书的参考文献。

克服羞涩和社交焦虑这段旅程可能并不轻松。克服恐惧焦虑的某些方面会较容易、较快,而其他方面则不尽然。同时,每前进两三步,你可能就会感觉又退后了一步。不过,研究证明对于坚持使用本书策略的患者来说,他们的社交和表现焦虑都有了明显改善。只要不懈努力,这些策略也将给你的人生带来重大、积极的改变。

目　录

第一部分

了解社交焦虑

第1章
什么是羞涩和社交焦虑

汉娜今年 26 岁，在一家小书店做经理助理。因为她对即将到来的婚礼感到十分焦虑，有人建议她到我们的"焦虑治疗与研究中心"来寻求帮助。汉娜并不害怕结婚，事实上，她一直期待着和自己的丈夫一起生活。她害怕的是婚礼本身。她不敢想象自己面对那么多人会是什么样子。而事实上，她之前已经两次推迟婚礼，就是因为害怕成为众人的焦点。

汉娜的焦虑不仅仅是对婚礼的害怕。她说她一直都很害羞，甚至在很小的时候就如此。上高中时，面对周围人群的极度焦虑，已经影响到了她的校园生活。她觉得同学会认为她乏味或无趣，或者会发现她的焦虑从而认为她无能。汉娜在学校总是避免做口头报告，还不去上可能被同学观察或评价其表现的课（如体育课）。有时候，她甚至会为了不在全班同学面前做口头陈述，而申请特许只交一篇书面文章。尽管是个优等生，她在课堂上却很安静，很少问问题或是参与课堂讨论。

整个大学期间，汉娜都觉得交新朋友很难。虽然大家都喜欢跟她在一起，也经常邀请她参加派对和其他社交活动。但她很少接受邀请，她更喜欢发短信或使用社交媒体与大家保持联系。她有一长串的借口逃避与其他人接触。只有和家人及一些老朋友在一起时，她才觉得自在，但是除了这些人，其他任何人她通常都会回避。

大学毕业后，汉娜开始在一家银行上班，不久就被提升为经理助理。她总能很轻松地和店里的顾客打交道，渐渐地，她和同事说话也变得更自在了。然而，她还是避免和其他同事一起吃午饭，也从不参加任何社交活动，包括银行的聚会。

尽管社交焦虑曾干扰汉娜的学习、工作和社交生活，多年以来她和这种焦虑都相安无事，但当这种焦虑妨碍她和未婚夫举行期望的那种婚礼时，她才决定寻求帮助。

汉娜的故事和其他同样有社交焦虑症的人大同小异，他们都极害羞，害怕抛头露面，她所讲述的这种焦虑的想法和行为跟其他社交焦虑者的描述也相差无几。在我们中心做过测评以后，汉娜开始了十二疗程的认知行为治疗，并渐渐学会了更有效地处理自己的焦虑情绪。治疗结束时，她对社交情境的回避明显减少了，也更加适应曾让她非常焦虑的情境。

认知行为治疗包括：①辨认出让人产生消极感觉（比方说焦虑）的思维模式和行为；②教会人们一些能更好控制焦虑的、新的思维和行为方式。本书介绍了在社交焦虑的认知行为治疗中普遍采用的一些策略。然而，就像我们开始针对个人进行治疗的那样，在学习探索这些策略之前，我们将在本章首先对恐惧和焦虑，以及什么是社交焦虑有个总体的了解。

焦虑、忧虑、恐惧和恐慌

人人都知道害怕是什么感觉。恐惧是人的一种基本情感。人的恐惧感在很大程度上由大脑中一个被称为"边缘系统"的区域所控制。"边缘系统"包括人脑中一些最深最原始的基本结构。许多"进化不完全"的动物也具有这种结构。实际上，我们有理由相信，大多数（即使不是所有的）动物都会有恐惧情绪。当面临危险时，大多数生物体都会显示出独特的行为模式，通常这些"恐惧的行为"包括攻击或逃跑。因此，当我们直面险情时，所感受到的强烈情感，通常被称作"打或逃反应"。

尽管很多人把"焦虑""恐惧"二词交换使用，但研究情感的行为科学家给这些术语及其他相关术语赋予的意义稍有不同（Barlow，2002；Suárez et al.，2009）。"焦虑"是一种未来导向的畏惧感或忧虑感，并连带着一种世事难控又难料的感觉。换句话说，当一个人感到一件负面事件即将发生而又无能为力去阻止时，这种令人心烦的感觉就是"焦虑"。

感到焦虑的人会对可能发生的危险反复凝思和沉思。对即将发生的负面事件的凝思趋向被称为"忧虑"。焦虑也连带一些不适应的生理反应，比如激动（如流汗和脉搏加快）、紧张（如肌肉僵硬），还有疼痛（如头痛）。

毫无疑问，过度焦虑会干扰个人表现。然而，适度的焦虑实际上对人是有益的。如果你在任何情况下都从未感到一丝焦虑，那么你可能不会提前去做一些必要的事情。如果你不在意后果，那你为什么还要按时完成作业、穿得漂漂亮亮去约会、吃健康的食物呢？从某种程度上来讲，正是焦虑激励我们努力工作、迎接挑战，并保护自己不受各方面的威胁。

和焦虑相比，"恐惧"是当人直面真正或想象中的危险时，所产生的一种基本情感。"恐惧"会引起突然的、强烈的生理惊慌反应,这种反应实质上只有一个目的——让人尽快从危险中逃脱。当人感到恐惧时,机体会"使用加速挡"来确保既迅速又利落的逃脱。心跳加快、血压升高会将血液输送到大块的肌肉中去。呼吸加快以提高全身氧气循环,出汗是为了让体表凉却,并让机体更高效地运行。事实上,所有这些激动和恐惧的表现都是为了逃离危险,以求生存。

"急性恐慌"这一临床术语是用来描述强烈的恐慌感,即使危险实际上根本不存在。人所害怕的特定情境可能会触发急性恐慌(如做口头报告、站在高处、看见蛇),有时急性恐慌会毫无征兆地莫名产生。在本章的后面部分我们将对此做更详细的讨论。

总之,"恐惧"是一种对即时危险的情感反应,而"忧虑"是对未来威胁的一种忧惧状态。例如,担心一周后要做口头陈述报告是焦虑的表现,而在做报告的过程中所感受到的阵阵激动或亢奋通常是恐惧的表现。

需要记住以下几点:

- 焦虑和恐惧是每一个人时不时都会经历的正常情感。
- 焦虑和恐惧是暂时的。即使你感觉它们好像要永远持续下去,但其实焦虑和恐惧会随时间的推移而减少。
- 焦虑和恐惧的好处在于,可以让你对未来的威胁做好准备,并保护你远离危险。所以,你的目标不应是摆脱一切恐惧和焦虑,而应是将焦虑减小到一定程度使其不再明显干扰你的生活。

什么是社交情境

任何你和他人在一起的情境都是社交情境。社交情境包括那些需要和其他人打交道的情境(通常被称作人际情境),也包括当你成为大家关注的焦点或是有可能被其他人注意到的情境(通常被称作表现情境)。有高度社交焦虑症的人可能会害怕的人际情境和表现情境包括:

人际情境：

- 与某人约会

- 和某权威人士谈话

- 发起或维持一段对话

- 去参加派对

- 玩互动在线游戏

- 邀请朋友到家中共进晚餐

- 认识新人

- 打电话

- 发送短信或邮件

- 表达个人意见

- 参加工作面试

- 和他人在社交媒体互动(如脸书)

- 直言(如当自己不愿做某事时说"不")

- 到商店退货

- 在餐馆退食物

- 做眼神交流

表现情境：

- 公开演讲

- 在会上发言

- 运动或健身

- 在别人面前驾驶

- 在众人面前钢琴独奏

- 工作时有人看着你

- 在某人的语音信箱里留言

- 结婚

- 在台上表演

- 让其他人评价你的线上形象

- 在别人面前大声朗读

- 在别人面前吃东西或喝东西

- 和他人共用公共卫生间

- 写字时有人看着你(如在公共场合填表)

- 在公共场合失误(如跌倒、掉钥匙等)

- 在熙熙攘攘的街道上或其他公共场合行走或慢跑

- 向一群人做自我介绍

- 在人很多的店里购物

什么是社交焦虑

社交焦虑是指在社交情境中的紧张或不适,通常是因为害怕会做令人尴尬或愚蠢的事,会给别人留下不好的印象,或是会被别人严厉评价。对很多人来说,社交焦虑只局限于某些种类的社交情境。例如,有些人在正式的工作情境中会非常不适,如做口头报告和参加会议,但在较随意的情境中很自在,如参加派对和跟朋友交往;有些人可能表现出完全相反的模式,在正式的工作情境中比在无组织的社交聚会中更自在。实际上,据说某位名人在很多观众面前落落大方,在进行一对一的谈话或与少数几个人交流时却害羞紧张,这一点也不稀奇(在互联网上搜索"害羞的名人"可以找到许多有社交焦虑的演员)。

社交焦虑的强度和所害怕的社交情境的范围因人而异。例如,有些人的恐惧是可控的,而有的人会被强烈的恐惧完全压倒。对某些人来说,恐惧只限于单个社交情境(如共用公共卫生间、做公开演讲),而对有的人来说,社交焦虑几乎在所有社交情境中都会发生。

社交焦虑与一些常见的性格特质有关,包括羞涩、内向和完美主义。在某些社交情境中,害羞的人通常会觉得不自在,尤其是当他们需要和他人打交道或需要见不认识的人的时候。与外向或开朗的人相比,内向的人在社交情境中往往会更安静、更内敛,并可能更喜欢独处。然而,内向的人在社交时不一定会焦虑或恐惧。而有完美主义倾向的人往往给自己设定很难或不可能实现的高标准。完美主义会导致人们在公共场合感到焦虑,因为害怕其他人会发现他们的"瑕疵",并对他们做出负面评价。在本章的后面部分我们会再次讨论完美主义。

社交焦虑有多普遍

我们很难准确评估社交焦虑的普遍程度,因为在不同的研究中对社交焦虑的定义往往有所不同,就焦虑问题对人们进行采访时,询问的问题也不同。每个人都或多或少存在社交焦虑,只是程度不同。不过研究者一致发现,羞涩和社交焦虑是常见的现象。例如,在一项对全美及其他国家共 1 000 多人的调查中,心理学家菲利浦·津巴多及其同事(Carducci & Zimbardo 1995;Henderson & Zimbardo 1999;Zimbardo, Pilkonis & Norwood 1975)发现,40% 的被试认为自己当前有长期羞涩症,甚至已然成为一个问题;另外 40% 的人认为自己以前比较害羞;还有 15% 的人认为自己在某些情境中会害羞;而只有 5% 的人认为自己从不害羞。

研究者还研究了社交焦虑症(见本章后面部分)的普遍程度。迄今为止,最全面的研究是一项针对 9 000 多名美国人进行的调查(Kessler et al.,2005),其中约 12% 的被试称,他们曾出现过,并在某些情况下其表现已符合社交焦虑症的诊断标准。事实上,在这次调查中,研究者发现社交焦虑症是第四大常见的心理问题,仅次于抑郁症、酗酒和特定恐惧症(比方说对小动物、血、针、高处、飞行等的恐惧)。也有其他研究者发现社交焦虑症的普遍程度低于 12%,但几乎所有的研究都确定社交焦虑症是个普遍问题(Kessler et al., 2009)。

男性与女性的区别

尽管大多数研究发现社交焦虑症在女性中比在男性中要稍微普遍些,但其实羞涩和社交焦虑在两性中都是常见的(Somers et al., 2006;Xu et al., 2012)。对于为何女性比男性更害怕社交情境,有以下多种可能的解释。首先,有可能男性在社交情境中的焦虑其实比他们愿意承认的更多。例如,对其他恐惧症的研究证明,男性低估了自己恐惧的程度(Pierce & Kirkpatrick,1992)。其次,有研究表明,与男孩相比,父母更容易接受甚至鼓励女孩表现出羞涩及相关负面情绪(如悲伤、恐惧)(综述见 Doey,Coplan & Kingsbury,2014)。

男性和女性害怕的社交情境种类可能也有不同。有研究发现,有社交焦虑症的男性比女性更害怕使用公共卫生间和到商店退货,而有社交焦虑症的女性比男性更害怕跟权威人士说话,做公开演讲,成为大家注意的焦点,表达不同的意见和参加派对等(Turk et al.,

1998）。另一项研究发现,患有社交焦虑症的男性比女性更害怕约会,更可能使用酒精或药物来缓解社交焦虑（Xu et al.，2012）;而女性比男性更容易寻求药物来治疗社交焦虑。

社交焦虑如何影响人们的生活

这一节我们将讨论人的社交焦虑如何影响社会关系、工作和学习,以及其他日常活动。读完每一小节,都请花一点时间思考你的社交焦虑是如何影响你生活中的每一个领域的,然后在提供的空白处进行描述。

社会关系

社交焦虑会让人难以建立和维持健康的社会关系。它会影响社会关系的方方面面,如与陌生人、泛泛之交、家庭成员及与其他重要他人的关系。对很多人来说,即使是最基本的社会交往形式（如闲聊、问路、跟邻居打招呼）都很难。对这样的人来说,约会或许完全不可能。在与更熟悉的人（如密友和家人）打交道时,社交焦虑可能更好控制——但也不总是如此。对一些人来说,交往越亲密,焦虑越多。比如,社交焦虑会妨碍正常的恋人关系,尤其是当社交焦虑者的伴侣想与其他人建立正常人际交往时。下面的案例将阐明社交焦虑是如何对一个人的社会关系产生负面影响的。

- 阿米尔从未和女孩交往过。尽管有人曾表达过想与他约会的想法,他却总是找借口不去,还经常不回对方短信和电话。阿米尔很想谈恋爱,但就是没有勇气迈出第一步。
- 艾琳娜和工作上的男同事相处甚安,还有好几个经常来往的男性朋友。然而,当和男性的关系更近一步时,她却越来越担心对方会发现"真实的自己"从而排斥她。她曾好几次在双方关系将更近一步时就结束了与对方的交往。
- 马特奥经常和女友吵架,因为他不愿意和她的朋友一起玩。尽管刚开始约会时,他就十分害羞焦虑,但最近他的社交焦虑使双方的关系更紧张。虽然女友很想和他成双成对地和别人打交道,但因为他的焦虑,他俩经常独处。
- 詹姆斯近些年来渐渐失去了很多朋友。念完高中后,他和好朋友们曾一度保持联系。

然而，因为焦虑，他经常害怕回他们的电话，而且几乎从不接受他们的聚会邀请。最后，他的朋友也就不再给他打电话了。

- 艾莉森的室友经常到半夜还把音乐声开得很大，让她无法入睡。尽管感到很不满、很生气，艾莉森还是没有叫她室友把声音关小，因为她害怕自己会措辞不当或者给室友留下她是个傻瓜的印象。

- 当和不怎么熟的人说话时，艾拉往往声音很小，和对方保持距离并且避免眼神接触。结果，同事们就开始不理她，也不再邀请她一起吃午饭了。

请在下面空白处，记录社交焦虑是如何影响你的友谊及社会关系的。

_____

_____

_____

教育和事业

严重的社交焦虑可能会影响一个人的学习和工作，影响课程和工作选择，还会影响学习与工作的表现和兴趣。请思考下面的案例：

- 那文拒绝了一次职位晋升，该职位会承担重大管理责任，包括主持每周的员工大会和员工培训。尽管晋升后他的工资会大幅上涨，但是那文害怕在众人面前讲话，他甚至不敢想象自己主持那个一周一次的例会。

- 鲁思在大学三年级时辍学。大一和大二时，鲁思还可以在人数众多的大班里装隐形人。然而，大三时，班级规模变小，她觉得上课越来越有压力。她开始逃课并最终离开了学校。

- 伦恩每天都害怕去上班。他害怕和同事说话，并不惜一切代价避免和老板说话。虽然他从不翘班，但伦恩把必需的交谈时间控制到最少。他几乎不休息，因为害怕其他人会邀请他一起吃午饭，或是和他一起休息。

- 詹姆选择在网上完成大学学业，因为他觉得在校园里和同学会面太可怕了。

- 谢丽尔已经失业两年了。尽管她经常关注一些她可能喜欢的工作,但一想到要经过正式的面试,她就望而却步了。好几次因为社交焦虑,她没能去参加预约好的工作面试。
- 公司的人觉得詹森假正经。他总是很严肃,几乎不和其他人讲话。即使有人问他问题,他往往也只回答一两个字。事实上他不是假正经,只是他和公司的人在一起时就很害羞、焦虑。

请在下面的空白处记录社交焦虑如何影响你的工作或学习。

_____

_____

_____

日常活动

几乎任何需要和他人打交道的行为都会受社交焦虑的影响。下面的例子将说明哪些情境和活动是有社交焦虑的人通常难以融入的。

- 丝塔避免星期六去逛街,因为商店里人太多,她害怕别人看见她。事实上,有时只是走过一条热闹的街,对她来说都很难。
- 贾廷德屏蔽所有的电话。在电话上和别人说话时,他很焦虑,因为他觉得和面对面的交流相比,打电话更难知道对方的反应。比起打电话,他更喜欢发短信交流。
- 卡琳达已经不去健身房了。她越来越觉得在其他人面前健身,给她造成了太多焦虑。她现在在家里锻炼,这样就没人能看见她了。
- 里德发现他刚买的毛衣上面有个小洞。虽然他从没穿过那件毛衣,吊牌也没剪,可他就是不敢去退,因为他害怕在售货员面前看起来傻乎乎的。

请在下面的空白处记录社交焦虑如何影响你的日常生活。

_____

社交焦虑症（社交恐惧症）

当社交焦虑变得极其严重时,就可能发展成社交焦虑症。社交焦虑症(也称社交恐惧症)属于《精神障碍诊断与统计手册(第五版)》(简称 DSM-5)(APA,2013)中严重的焦虑症。《精神障碍诊断与统计手册(第五版)》是精神科医生确认和诊断各种精神障碍的指南。该文件中的诊断部分没有对社交焦虑症的病因做详细说明。相反,该手册只对干扰和影响人们生活的行为和经历做了简单描述。总之,该诊断手册可用于区分情绪和心理问题。

尽管有充分的证据表明生理功能障碍会诱发一些精神疾病(如精神分裂症、阿尔茨海默病),但对其他精神疾病来说,这方面的证据却不那么充分。一些严重的精神疾病及很多被认为只是"坏习惯"的问题都被列在了《精神障碍诊断与统计手册(第五版)》里。事实上,《精神障碍诊断与统计手册(第五版)》甚至囊括了诸如戒烟失败(尼古丁依赖)、无节制地搔抓皮肤(表皮失调症)等问题。

你的焦虑症状符合社交焦虑症的诊断标准,并不意味着你就生病了或是精神上有问题。但这确实意味着你正在经历社交焦虑,并且已经达到干扰或影响你各方面运作的程度。记住,几乎所有人都会时不时地经历社交焦虑、羞涩或表现焦虑。患社交焦虑症的人所经历的社交焦虑和大多数人经历的焦虑想法和行为是同种类型的。不同的是患社交焦虑症的人更频繁地经历更强程度的社交焦虑,让他们感到焦虑的情境更为广泛。庆幸的是,本书里所讨论的疗法对社交焦虑症有极其良好的疗效。

社交焦虑症的诊断标准

当一个人对一种或多种社交情境或表现情境有强烈且持久的恐惧时,才能诊断为社交焦虑症。"恐惧"一定与担心他人的负面评价相关,或是与因做了让人尴尬或丢脸的事情而被拒绝有关。另外,恐惧一定会影响个人或对其生活产生重大干扰。换句话说,如果一个人强烈恐惧公开演讲,但他不需要在人前讲话并且不在乎这种恐惧,那他就不会被诊断为社交焦虑症。然而,如果一个人害怕公开演讲也必须在人前讲话(如一名学校教师)并且符合诊断标准就会被诊断为社交焦虑症。社交焦虑症的严重程度和适用范围很大。对于某些人来说,害怕的情境非常有限(如对演讲的强烈恐惧),而对于情况严重的人来说,可能会害怕所有的社交情境。

社交焦虑通常是其他问题的表征。例如,有进食障碍的人可能在别人注意到他们异常的饮食习惯时感到紧张。因强迫症而频繁洗手的人会避免跟人接触,因为他们害怕被别人传染疾病,或害怕别人注意到他们的强迫症症状(如频繁洗手,因频繁洗手而变红的双手等)。在这些例子里,治疗师将社交焦虑视作其他问题的一部分,而非社交焦虑症本身。社交焦虑症要被诊断为一个独立的问题,一定是与目前的其他任何问题都没有关系,并且很严重。例如,某人可能害怕自己看起来傻乎乎的,害怕别人觉得自己很无趣,害怕在人前犯错——远远超过害怕别人发现他的强迫性行为或异常饮食习惯。

社交焦虑症的诊断是一项复杂的任务。这一小节里概述的信息让你大概了解了心理健康专家是如何将社交焦虑症与其他不同类型的问题区分开来的。然而,要进行自我诊断,这些信息可能不够。如果你想确认自己的症状是否符合社交焦虑症的诊断标准,我们建议你去拜访有经验且擅长评估焦虑症的精神科医生或心理咨询师。

不幸的是,对某个症状是否满足某一具体精神疾病的诊断标准,专家们甚至有时也很难达成共识。对于很多人来说,《精神障碍诊断与统计手册(第五版)》里概述的标准并不像我们希望的那样置之四海而皆准,这就让诊断尤其富有挑战性。庆幸的是,选择有效治疗不是总需要确切的诊断。不管你的症状是否完全符合社交焦虑症的诊断标准,这本书里描述的策略对战胜羞涩和表现焦虑都是有效的。

社交焦虑的三大组成部分

为了定义羞涩,切克和沃森(1989)对180位害羞的人进行了羞涩和社交焦虑类型的调查。84%的被试对调查的反应分为三类:社交焦虑的生理方面(不舒服的感觉和反应)、社交焦虑的认知方面(焦虑的想法、预期和预测)和社交焦虑的行为方面(回避社交情境)。

社交焦虑的认知行为疗法鼓励人们根据这三大分类来思考自己的社交焦虑。换句话说,当你感到焦虑时,你应该注意到自己的所感、所想和所为。把你的社交焦虑分解成这三个组成部分有助于使你感觉这个问题没有那么来势汹汹,并为使用本书推荐的疗法做好准备工作。

社交焦虑和生理反应

社交情境中的焦虑通常和一系列的生理唤醒症状有关,而其中一部分的生理反应可能本身就会造成恐惧和焦虑。例如,社交焦虑越来越强的人通常最害怕自己焦虑的症状被别人注意到,比方说手抖、出汗、脸红、声音发颤。社交情境中你可能经历的生理反应包括:

- 心跳加快或加剧
- 呼吸困难或有窒息感
- 头晕或头昏
- 吞咽困难、有哽咽感或感觉喉咙上有"肿块"
- 颤抖(如手、膝盖、嘴唇或整个身体)
- 脸红
- 恶心、腹泻或神经质地发抖
- 过度出汗
- 声音颤抖
- 流泪、爱哭
- 注意力不集中或忘记自己想要说什么
- 视力模糊
- 有麻木和刺痛感
- 感觉不真实或被分离
- 肌肉紧张或疲软(如腿站不稳、脖子发酸)
- 胸疼或胸部肌肉紧张
- 口干
- 时冷时热

人们在焦虑时所感受到的这些生理反应因人而异。有些人有多种生理症状,其他人则只有一些生理反应。事实上,有些人在焦虑时感觉不到任何生理反应。

也有证据证明人们通常不能准确地描述这些生理反应的强度。有社交焦虑的人经常称他们的生理症状非常强烈,尤其是那些别人可能看得见的症状。然而,事实通常并非如此。对大多数有社交焦虑的人来说,他们的症状并不是他们想象的那么明显。例如,马肯斯及其同事(Mulkens et al.,1999)做的一个研究发现,当有社交焦虑的人身处有压力的社交情境时,他们自己觉得比不焦虑的人更容易脸红。然而,这个研究也发现有社交焦虑的人和不焦虑的人脸红的程度实际上没有什么差别。

尽管在大多数情况下人们的焦虑症状并不是他们想象的那么明显,但毫无疑问,少数人更容易明显地脸红、发抖或流汗,而且确实很容易引起他人注意。换句话说,有些人容易脸红而其他人则不会,有些人比其他人更容易手抖,而有些人比其他人更容易流汗。然而,并不是所有脸红、流汗和手抖的人在其他人面前时都会感到强烈的恐惧。事实上,很多人并不是很在乎自己在其他人面前有这些症状,例如,许多表演者每晚都在舞台上表演,尽管他们大汗淋漓。

换句话说,有这些症状并不是一个大问题,反而是你对这些症状的理解和可能的后果导致了你的社交焦虑。如果你不在乎其他人是否会注意你的生理焦虑症状,你在社交和表现情境中可能就不会那么焦虑了。而且,你这些不舒服的症状可能也会减少。

当你焦虑或恐惧时所感受到的生理反应和在任何其他强烈情感,包括兴奋和愤怒中所感受到的那些反应是相似的。恐惧、兴奋和愤怒的不同并不体现在生理感觉上,而在于这些感觉连带了哪种想法和行为。我们现在就把注意力转向社交焦虑的这些方面。

社交焦虑和认知

严格地说,人们不是对发生在他们生活中的情境和事件做出情绪反应,而是对这些情境和事件引起的想法和理解做出反应。换言之,在同样的情境中,不同的人可能有完全不同的情绪反应,这取决于他们对此情境的看法。

请思考下面的例子:想象你参加了一个面试,正在等结果。有人告诉你一周之内会收到通知。两周过去了,你还未收到任何通知。你会怎么想?你会有什么样的感受?如果你认为没接到电话说明你没得到这份工作,那你可能会紧张;但是如果你认为没打电话说明对方还没做出决定,那你可能会感到更加乐观;而如果你觉得面试官不打电话就是对你不尊重的话,那你可能会生气。

我们的想法通常是准确的,但有时也会有偏见、被夸大或者不准确。例如,有些社交焦虑的人仅仅因为对方在谈话时似乎不太感兴趣,就很快认定对方不喜欢自己。事实上,一个人和你说话时看起来似乎不感兴趣的原因有很多。包括:

- 对方对话题本身不感兴趣,但仍然喜欢你这个人
- 对方饿了
- 对方有急事(比方说他赴约要迟到了)
- 对方累了
- 对方病了或身体不舒服
- 对方害羞或社交焦虑
- 对方在想当天早些时候发生的事情
- 对方在担心将要发生的某些事情
- 对方是个不善言谈的人
- 对方是个始终看起来有点冷淡的人,即使他很享受和你的对话
- 你错误判断对方不感兴趣,尽管他表现出了所有感兴趣的常见迹象

许多人都有认知焦虑。如果你在社交情境中感到焦虑,要么你可能在某种程度上认为此情境有不祥的预兆,要么可能是你预测某件不好的事情将要发生。你越频繁地经历社交或表现焦虑,这种认知焦虑就越可能频繁地出现。在第 6 章,我们将更详细地讨论认知在社交焦虑中所扮演的角色。现在,我们将列出社交焦虑的人通常共有的一些想法:

- 人人都喜欢我,这很重要
- 如果有人不喜欢我,就意味着我不讨人喜欢
- 如果有人拒绝我,是我活该
- 人们应该始终对我所说的话感兴趣

- 我说话时,其他人绝不能有不赞同或无聊的表情

- 人们绝不该在背后议论我

- 如果我在工作中犯错了,我就会被炒鱿鱼

- 如果我犯错了,其他人会生我的气

- 如果我做报告,会让自己出丑

- 我紧张时其他人看得出来

- 我脸书上面的好友,都比我玩得更开心

- 人们觉得我没吸引力、无趣、愚蠢、懒惰、无能、古怪、软弱等

- 他人不值得信任,爱主观臆断,令人厌恶

- 我得隐藏住自己的焦虑症状

- 在他人面前脸红、手抖或出汗很糟糕

- 如果我工作时手发抖,简直就是灾难

- 焦虑是软弱的表现

- 在他人面前我不该表现得焦虑

- 如果我太焦虑,就不知道说什么好

社交焦虑和行为

感到焦虑或被吓到时,最常见的行为反应是要么完全回避引起焦虑的情境,要么做别的事情来尽可能快地减少焦虑。人们之所以有这些行为,是因为他们擅长在短时间内减少自身不适。然而,长期来讲,这些行为会让你在此社交情境中一直恐惧和焦虑,因为正是这些行为让人们无法认识到引起焦虑的预测是不会发生的。下面举一些例子说明人们经常用哪些行为来减少社交情境中的焦虑。注意这些例子中有些是完全逃避或回避社交情境,而其他例子则只是以部分回避来减少焦虑或企图自我保护。这些行为通常被称作安全行为,因为人们是在害怕的情境中想更有安全感时才实施这些行为的:

- 在决定是否接受宴会邀请之前,询问有哪些人参加

- 找借口不和朋友一起吃晚饭

- 紧握杯子,防止双手颤抖

- 上课时从不回答问题

- 为了不和别人闲聊,开会总是迟到早退

- 为了回避和客人聊天,在宴会结束时主动提出帮忙洗碗

- 找借口挂朋友或同事的电话

- 为了让自己显得更正能量,在网上的简介中,包含虚假信息

- 转移注意力,让自己不去想焦虑的事

- 在做报告时,把屋里的灯全关了,为了让观众把注意力集中在幻灯片上而不是你身上

- 在公共场合,为了避免与他人眼神接触而看手机

- 为了避免在别人面前写字,在购物之前先把支票填好

- 和别人对话时避免目光接触并且说话很小声

- 化妆、穿高领毛衣来遮挡脸红

- 总是和密友、配偶或其他亲近的人一起参加节假日同事聚会,即使其他人通常独自参加

- 开会总是早到,以避免在众目睽睽之下入座

- 开会总会迟到一点,以避免会前闲聊

- 约会前喝几杯酒壮胆

三大组成部分间的相互作用

恐惧和焦虑可能从我们以上讨论的三大组成部分中的任何一个开始。例如,你可能正在和同事说话,这时,你发现自己微微冒汗(生理部分)。这可能导致一些焦虑的想法:我同事有没有注意到我额头出汗了呀? 他是不是认为我有什么毛病呀(认知部分)? 随着焦虑增加,你的生理反应也随之增强,焦虑的想法也会继续产生。最后,你可能就会找借口离开此情境(行为部分)。

有可能焦虑是从认知部分开始。例如,在做口头陈述前,你可能会告诉自己,你可能会突然短路,其他人会注意到你有多不自在。你想象其他人会把你的不自在当成软弱无能的

表现(认知部分)。当你继续纠结于这些焦虑的想法时,发现自己开始脸红并且心跳加快(生理部分)。最后,你决定一个字一个字地把报告读完,以确保焦虑不会让你在陈述的过程中突然脱节(行为部分)。

焦虑也有可能从行为部分开始,即回避和安全行为。长期推迟和朋友的聚会(行为部分)会导致你更容易有焦虑的想法(认知部分):我见到他们时会发生什么呢?以及见面时,身体会产生什么不适感呢(生理部分)?尽管从短期来讲,回避引起焦虑的情境会令人舒服,但这样也会让你在最终面对它时更加难受。你推迟一项不愉快的任务的时间越长,当你最终决定做出改变时迈出第一步就越困难。

练 习

在未来一周左右,复印并使用"社交焦虑三大组成部分监测表"(见本章末表1.1),根据恐惧的三大组成部分来记录你的焦虑。每次遇到害怕的社交情境,都请填写此表(如果可能的话,一周至少三次)。在第一栏记录情境(包括时间和地点);在第二栏以梯度0(不恐惧)到100(最恐惧)记录你恐惧的程度;在第三栏记录你在情境中所有的生理反应;在第四栏记录你就此情境所产生的任何会引起焦虑的想法或预测;在第五栏记录回避行为或者任何其他你用来降低焦虑的行为。可参考已填写好的样表(见表1.2)。

其他问题及特征

社交焦虑通常和其他问题相关,包括社交情境中的急性恐慌症、标准过高和完美主义、抑郁情绪、外形欠佳、物质滥用或对他人愤怒和缺乏信任。我们将在下面一一讨论这些相关的问题。

急性恐慌症

如果你有严重的社交焦虑,那你很有可能在社交和表现情境中有过急性恐慌症。急性恐慌症是指患者在没有任何真正危险时突然产生恐慌。根据急性恐慌症的定义,这种恐慌会在几分钟之内"达到顶峰",尽管通常情况下当事人只需几秒就会恐慌到极点。同时,要完全满足急性恐慌的标准,必须有以下 13 个症状中的至少 4 个,这 13 个症状包括心跳加快、胸闷、头晕、呼吸困难、发抖、胃部不适、出汗、有窒息感、潮热或发冷、感觉不真实或感觉分离、麻木或刺痛感、害怕死去、发疯或失控。

对于有社交焦虑的人来说,急性恐慌的发作往往是由于身处令人害怕的社交情境中或者只是想象自己在令人害怕的社交情境中。另外,社交焦虑的人通常害怕自己有恐慌的症状。由于急性恐慌的症状通常被误以为是此人失控的前兆,因此社交焦虑的人总是想避免在别人面前突发恐慌。突发恐慌的人通常害怕失控、变疯、晕倒、心脏病发作或产生其他生理或社交灾难,然而诸如此类的后果实际上是极少发生的。换言之,突发恐慌虽令人感到不舒服,但并不危险。事实上,恐慌症状甚至通常不易被别人察觉。

完美主义

我们中心(Antony et al.,1998)和其他机构的研究成果表明,社交焦虑与追求完美的程度有关。完美主义者持有不切实际的高标准且过度严格。他们可能过于担心犯错而常常想尽一切办法避免犯错。

处在社交焦虑中的人往往过于在乎给别人留下完美的印象。如果不能保证自己得到别人的赞赏,他们可能就会在社交情境中感到非常焦虑或者干脆回避社交。完美主义和纯粹的高标准是两码事。高标准通常是有益的,因为这样会激励我们努力工作争取成功。而在完美主义者当中,其过高且死板的标准实际上会干扰人们的表现,比如导致一个人为某项任务过度做准备(如花好几个小时演练一次口头陈述)、拖延(如推迟报告的准备工作),或者对他们自己的表现过于苛刻。

抑　郁

由于社交焦虑对人体机能的影响,相当数量患社交焦虑症的人也患有抑郁症。严重的社交焦虑会导致孤僻、寂寞和深度悲伤。社交焦虑症不仅会阻止人们挖掘自己的潜力,而且会导致绝望感和抑郁感。然而,社交焦虑与情绪低落之间的关系是双向的。抑郁也会增加社交焦虑症的严重程度。抑郁的人通常会因情绪低迷而不好意思,他们可能会认为别人不想和自己待在一起,所以可能会避免和别人在一起。

社交焦虑和情绪低落有共同的特征。比如,社交焦虑和抑郁的人有着相似的思维模式——对自己及对自己和他人的关系有消极的看法。另外,我们有理由相信,社交焦虑症和抑郁可能和大脑里相似的生物过程有关。实际上,本书里谈到的治疗(心理治疗和药物治疗)对焦虑和抑郁都有疗效。

形象问题

对自己外貌不满意的人在社交或被别人盯着看时,可能会感到焦虑。例如,有神经性厌食症和神经性贪食症等饮食障碍的人,可能会回避需要在他人面前吃东西或展露身体的活动(如穿短裤、游泳或在公共场合锻炼身体)。体重超标的人可能也会担心别人对自己的外表做出负面评价。事实上,对自己外表的任何一方面不满意(如脱发、别人不喜欢我的鼻子等)都可能导致有些人患上社交焦虑。

物质滥用

有些有过度社交焦虑的人会用酒精或其他药物来帮助其应付社交情境。例如,研究表明,患社交焦虑症的人更容易依赖酒精或大麻(Buckner et al. , 2008)。毫无疑问的是,酒精等药物会减少社交焦虑以及与之相关的一些身体症状(Stevens et al. , 2014)。对于大多数人来说,使用酒精来应付社交焦虑,可能只是在派对上多喝一杯酒或和朋友外出吃饭时喝杯啤酒。然而,对于有些人来说,如果用量过度,用酒精或药物来控制焦虑就会成为一大问题。如果为了在社交情境中感到更舒服自在,而频繁使用过多的酒精或其他药物,那么在克服社交焦虑的同时,物质滥用又会成为另一个严重问题。如果使用酒精或其他药物干扰了社交焦虑的治疗,通常要先停掉这些药物。

愤怒和对他人缺乏信任

除了害怕别人对自己做负面评价,有些重度社交焦虑的人还可能很难相信别人。比如,因为害怕被评价,担心他人不能保守秘密,他们可能会避免向他人吐露心声。极度的愤怒和烦躁有时也会引起社交焦虑。例如,当被别人盯着看时,一些有社交恐惧症的人可能变得非常生气或不友善。当他们感到别人怠慢了自己时也可能会生气。

战胜社交焦虑

研究显示,心理策略和药物治疗这两大方法有助于战胜社交焦虑。下面我们将逐一简要讨论。

心理策略

虽然心理健康专家采用了多种心理疗法,但实践表明,只有一小部分策略在较短时间内对减少社交焦虑有效。本书将讨论被多次证明对治疗社交焦虑症行之有效的四大疗法。

1. 基于暴露训练的策略将教你逐渐地接近你害怕的情境,直到这些情境不再引起恐惧。
2. 认知策略将帮助你识别引起焦虑的想法,并用更切合实际的方式来思考。
3. 专注力和基于接纳的策略将教你接纳讨厌的想法、情绪、感觉和其他体验,而不是试图控制它们。
4. 基本交流技巧指导将教你更自信地和别人交流,更轻松地与他人相处,做有效的口头陈述并适当地运用非语言交流。

药物治疗

研究显示,有很多药物可有效减少社交焦虑,包括抗抑郁类药和某些镇静剂。只要病人坚持服药,药物治疗将和本书谈到的心理治疗一样有效。对某些人来说,将药物治疗与心理治疗相结合是最有效的疗法。在第 5 章我们将讨论使用特定药物治疗社交焦虑的利与弊。

表 1.1 社交焦虑三大组成部分监测表

情境 （地点和时间）	恐惧（0～100）	生理反应	引起焦虑的 想法和预测	回避或 安全行为

资料来源：Copyright © 2017 Martin M. Antony.

表 1.2 社交焦虑三大组成部分监测表——完成的样表

情境（地点和时间）	恐惧（0～100）	生理反应	引起焦虑的想法	焦虑行为
在周二晚上的一个派对上，我跟麦克说："我上次见你好像已经是好几年前了。"结果，他提醒我说我们上周才见过	90	心跳加快，出汗，发抖，气短	我不敢相信我居然那样说！麦克一定以为我是个傻子，居然忘了我们上周才见过。也许，他会以为我不在乎他。他肯定觉得我是个神经质的怪人	跟麦克大概道了 5 次歉后，我为了躲他跑到卫生间里去了。大约 10 分钟后，我找了个借口走了
周三晚上，为周五一个简短的报告做准备	70	心跳加快，肌肉紧张	我会思维脱节。其他人会觉得我不称职。如果这个报告没做好我会丢掉这份工作	喝了两杯酒使自己平静下来。大概演练了 20 遍。让一个同事和我一起做报告
周六下午，逛商场	50	感到脸红，手心出汗，心跳加快	人们都盯着我看。他们知道我很焦虑。他们可能在想我看起来或走起来很可笑	我尽量不和其他人有目光接触。大概 5 分钟后，我离开了商场，虽然还没买完东西

第 2 章
你为什么会有这些恐惧

艾米丽自记事以来一直都有社交焦虑。她的父母都有些腼腆,姐姐在大多数社交情境中也非常焦虑。考虑到家人在社交上都很焦虑,艾米丽认为她的社交焦虑症是遗传的。但她的推测正确吗? 遗传学是家庭成员有共同特质的唯一解释吗? 当然不是。家庭成员有共同的基因,但他们也通过观察彼此(以及其他人)来学习如何思考和表现。

一个人不可能确切地知道自己的社交焦虑来自何处,但这一章可能会给你一些线索。把你的焦虑看成完全基于生理或心理方面的问题并没什么用。相反,社交焦虑(以及所有的人类行为)是许多不同因素通过复杂的方式相互作用的产物,这些因素对我们每个人的成长都有不同的影响(Spence & Rapee,2016)。在本章中,我们回顾了影响社交焦虑发展的因素,包括生物因素和心理因素。

生物因素

与任何情感或性格特征一样,生物因素也会影响我们在社交情境中体验焦虑的倾向(Fox & Kalin,2014)。诸如自然选择或进化论、遗传、大脑活动以及脑神经递质和激素水平,这些生物进程可能都会导致社交焦虑。本章将逐一讨论这几方面。

自然选择:进化对社交焦虑的作用

自然选择是这样一种过程:一个物种中最能适应环境的成员最有可能成功实现繁衍,从而逐渐进化并长时间生存下去。看上去,似乎自然选择意味着,与那些健康状况不佳的人相比,健康状况好的人更有可能生存并且繁衍。然而,一些作者认为,自然选择的法则虽然被认为引导着人类进化中更"积极"的方面,但是人类遭受的许多疾病同样也有可能遵循相同的法则(Moalem & Prince,2007;Nesse & Williams,1994)。

例如,在《我们为什么会生病》一书中,伦道夫·尼斯博士和乔治·威廉斯博士讨论了一些身体的不适,比如因过敏打喷嚏、感冒、发烧,以及受伤带来的疼痛,是怎样保护我们远离潜在的危险的。例如,打喷嚏、咳嗽和发烧等症状有助于身体摆脱体内潜在的危险毒素、寄生虫和病毒。同样,受伤后随之而来的疼痛则是一个信号,警示我们不要做一些加剧伤痛的活动。

焦虑也可能提高我们生存的概率吗?许多研究焦虑相关问题的专家(比如,Willers et al.,2013)认为焦虑症状确实具有进化功能。正如我们在第1章所提到的,与害怕和恐慌相关的"打或逃反应"保护我们免受潜在的危害。当我们害怕时,我们的身体迅速被调动起来,要么去面对前来的危险,要么尽可能快地逃离危险。我们害怕时所经历的这些感觉(如心跳加快、呼吸急促、出汗等)都是用来帮助我们达到身体需求,要么直面威胁(打),要么逃离到安全地带(逃)。

从进化的角度来看,人类会发展出体验社交焦虑的倾向(习性),这是有一定道理的。我们是社会性动物,就这一点而论,我们十分依赖他人。没有他人的帮助,我们无法生存。当我们是婴儿或孩童时,完全依赖父母提供食物、住所、帮助和教育。成年后,我们继续依靠他人。我们依靠雇主支付的酬劳满足食宿需求,依靠他人为我们建造房屋、种植粮食、治疗伤痛,为我们提供娱乐并且满足我们的日常所需。因为人类相互依赖,我们在很小的时候就知道与他人友好相处的重要性。所以,我们希望别人喜欢自己。毕竟,不断给别人留下坏印象有可能导致孤立、失业、身体不适以及许多其他不良后果。

社交情境中感到焦虑有助于提醒我们每个人注意自己的行为对周围人造成的影响。如果我们不考虑自己的行为对他人造成的影响,可能会常常遇到麻烦。我们可能不会费心考虑是否穿着得体或举止恰当;可能常常想到什么就说什么,而不考虑话语是否伤人。社交情境中感到焦虑将帮助我们免于冒犯他人,并且避免做那些给自己带来负面评价的事情。所以,时不时地感到害羞或社交焦虑不仅正常,而且有益。

当然,社交焦虑或羞涩胆怯也并非时时有益。比如,极度的社交焦虑可能导致注意力分散,从而在工作或学习中犯更多的错误。另外,患社交焦虑症的人常常避免冒险,因此觉得交朋友或找工作困难重重。而中度或轻度的社交焦虑完全正常且有着潜在的好处，只有过度的社交焦虑才会干扰一个人的正常运作。

所以，从进化的角度来看，患社交焦虑症的人本身没有疾病。然而，事物的量决定质。轻度的社交焦虑对人有益，但重度的社交焦虑就会使生活变得非常糟糕。

遗传与社交焦虑

社交焦虑症也存在于家族遗传中。例如，斯泰及其同事研究（1998）发现，家族中有一位直系亲属（如父亲或母亲、兄弟姐妹或孩子）患有广泛性焦虑障碍（大部分的社交情境中极度焦虑），其本人患社交焦虑症的概率，与无亲属患此症的人们相比，可能性增加 10 倍。相反，小范围内出现的社交焦虑症（如仅仅害怕公开演讲）在家族中遗传的概率较小。

当然，家庭中众多成员患社交焦虑症未必意味着社交焦虑症由基因遗传。环境因素（如从父母或兄弟姐妹那儿学得）同样可以使家庭成员有某些共同的行为和倾向。科学家主要依靠双胞胎研究和分子遗传学研究来区分基因影响与环境和学习的影响。

孪生研究观察同卵双生的双胞胎（100% 基因相同的双胞胎）和异卵双生的双胞胎（平均共享遗传物质 50% 的双胞胎）出现相同问题的概率。因为无论是同卵双生还是异卵双生的双胞胎，他们往往生活在相似的环境中。同卵双生比异卵双生的双胞胎有更高的社交焦虑症同病率，由此可以证明遗传在社交焦虑症的产生中，也许起着更大的作用（术语"同病率"指一个人与他或她的孪生双胞胎患有相同病症的概率）。

2003 年，科学家完成了人类基因组计划，包括绘制人类 DNA 中的所有基因，并确定构成人类 DNA 的 30 亿个化学碱基对的序列。这项工作使科学家运用连锁研究和关联研究，研究产生社交焦虑症和其他状况所涉及的某些特殊基因成为可能。总之，旨在识别和理解特定基因及其功能的研究属于分子遗传学领域。

那么，关于基因在社交焦虑症中所起的作用我们了解多少呢？当今大部分关于遗传和社交焦虑症的研究为孪生研究（Kendler et al. , 2001；Stein, Jang & Livesley, 2002；Torvik et al. , 2016）。总之，孪生研究已发现社交焦虑症存在有限的遗传可能性，这表明尽管遗传因素起作用，但诸如个人环境和经历之类的其他因素也很重要，其作用可能比遗传因素更大（Scaini, Belotti & Ogliari, 2014）。分子基因研究只是初步涉及社交焦虑症领域；到目前为止,他们还没有发现遗传与造成社交焦虑之间确切的联系(Knappe, Sasagawa & Creswell, 2015)。

遗传因素可能通过性格来影响社交焦虑症,这是指个体的行为、情绪和性格的独特方式,尤其是天生和后天习得的性格方面。这样的性格特征之一就是"行为抑制"即对新情境感到敏感,避免接触不熟悉的人和情境(Kagan et al., 1984)。行为抑制的迹象通常早在婴儿期就有所表现,并且行为抑制水平升高的婴儿,往往表现出高于正常水平的生理和其他焦虑迹象(Spence & Rapee, 2016)。相关的证据表明,行为抑制水平升高的儿童比水平较低的儿童,在儿童或青少年期更容易患社交焦虑症(Clauss & Blackford, 2012)。行为抑制也增加了其他与焦虑相关问题的风险(Rosenbaum et al., 1993),并且其似乎有很夯实的遗传基础(Clauss, Avery & Blackford, 2015)。

另外两种与社交焦虑症紧密相关的性格特征似乎也具有遗传性,其遗传估计值(由遗传导致的某种特征的家族遗传程度)在很多研究中接近50%(Plomin, 1989)。其中一种性格特征是神经质,有神经质的人容易感到悲哀、焦虑、紧张和担忧。另一种是内向,内向的人倾向于关注内心并回避社交。羞涩和社交焦虑与这两种性格特征有关并不足为奇(Kaplan et al., 2015)。尽管之前的双胞胎研究表明,性格内向和神经质等特质具有中度遗传性(Jang, Livesley & Vernon, 1996),但最近一项基于分子遗传学的分析研究表明,神经质可能是显性遗传,而性格内向则可能不是显性遗传(Power & Pluess, 2015)。

如果遗传会造成社交焦虑,那么这是否意味着社交焦虑就无法改善?当然不是。我们的遗传构造影响我们的各个方面,包括身体健康、学术能力、抑郁沮丧、体重、性格,甚至我们的兴趣和业余爱好。此外,众所周知,我们的行为和成长经历也决定我们在众多领域中的行为表现。

例如,不论你是否天生具有运动潜质,刻苦的训练将提高你的运动能力。此外,环境(如成长过程中养成的运动习惯)可能对你成年后是否会进行规律锻炼也有着深远的影响。多大的运动强度才能使身体健康,这因人而异。对于一些人来说,达到同一效果就比其他人容易——一定程度上取决于基因构造。

同样的道理也适用于社交焦虑症。有强烈社交焦虑和害羞胆怯的遗传倾向仅仅表示,要克服同样的问题,与无此倾向的人比起来,你可能需要付出更多的努力。

大脑活动与社交焦虑

一系列的研究发现,人们在经历社交焦虑时,大脑中某个特定部位的活动会增加。例如,科学家发现患社交焦虑症的人在面对社交威胁的刺激时,如看一幅表情严厉苛刻的脸部图片,大脑中被称为杏仁核的部分的活动会加剧。杏仁核是边缘系统的一部分,当我们感到害怕时,它就会被调动起来(Hattingh et al. , 2013;Phan et al. , 2006;Stein, Goldin et al. , 2002)。公开演讲时,与没有社交焦虑症的人相比,有此症状的人的杏仁核运动更为活跃(Phan et al. , 2006)。杏仁核是位于边缘系统的大脑结构,它参与情绪的调节,以及我们对情绪刺激的反应。所以,当我们感到焦虑或害怕时,这个区域会被激活,这不足为奇。

人们处于社交焦虑状态时,大脑的其他部位也会活跃起来(Britton & Rauch, 2009;Caouette & Guyer, 2014;Yokoyama et al. , 2015),其中包括前扣带皮层(该部位涉及情感、思想、心率和其他功能的控制)、内侧前额叶皮质(该部位涉及复杂认知、个性表现和社交行为)、岛叶(边缘系统的一部分,它涉及基本情绪体验,包括恐惧)以及海马区(边缘系统的一部分,起控制记忆和空间能力的作用)。

社交焦虑和大脑活动之间的联系进一步表明,当我们使用认知行为疗法、药物疗法或者两者结合治疗社交焦虑时,可以降低杏仁核和海马区的活性(Furmark et al. , 2002;Gingnell et al. , 2016)。

神经递质与社交焦虑

神经递质是在神经系统细胞间传递信息的化学信使。有关神经递质在社交焦虑中的作用的研究产生了各种各样的成果(Phan & Klump, 2014)。有人认为神经递质多巴胺可能参与社交焦虑,而其他研究未能证实这些发现。关于神经递质血清素作用的研究也有不同的发现。然而,一直以来,研究发现服用对血清素系统起作用的药物会缓解社交焦虑的症状(详见第 5 章)。

激素与社交焦虑

激素是由内分泌系统中的腺体产生的化学信使,通过血液输送到各个器官和组织,调节身体的功能和行为。近年来,研究者对某些激素在社交焦虑症中的作用进行了研究。

皮质醇是肾上腺产生的一种类固醇激素,用来应对压力。皮质醇(连同去甲肾上腺素)参与触发"打或逃反应",使身体做好应付威胁的准备。研究表明,儿童早期的高水平皮质醇预示着青春期社交焦虑症的发作(Essex et al.,2010)。对成年人的研究产生了多样的结果,一些研究表明有社交焦虑的个体皮质醇水平会升高,有些则表现出较低的水平,有些人的皮质醇与社交焦虑之间没有关联(Phan & Klump,2014)。

这些研究的差异可能与所使用的方法有关,并且需要进一步的研究才能确定皮质醇对社交焦虑的作用。另一种与社交焦虑相关的激素是催产素,它是下丘脑(大脑的一个区域)产生的神经肽,由垂体后叶释放。催产素有许多功能,其中之一是促进人际关系中的社会联系、满足感和安全感。催产素也可能增加积极影响,社会支持通常有助于保护我们免受压力的影响(Heinrichs et al.,2003)。

最近的研究表明,将催产素施加到具有重度社交焦虑症的个体,可能会降低他们关注暗示社交危害的倾向(Clark-Elford et al.,2014),并可能增强心理治疗的效果,例如暴露疗法(Guastella et al.,2009)。

最后,催产素似乎减少了重度社交焦虑患者脑内杏仁核对暗示社交危害的反应(Gorka et al.,2015;Labuschagne et al.,2010)。这些发现可能会产生治疗社交焦虑症的新方法。

心理因素

除生物因素之外,人们自身的经历和观念也会影响其是否会产生社交焦虑和羞涩。在本节当中,我们分析了大量的心理因素,包括学习、认知因素(如观念、注意力和记忆)、行为及众多心理因素对社交焦虑产生的潜在影响。

学习如何导致社交焦虑

大量研究表明学习对产生恐惧起着很重要的作用。我们通过三种主要途径学会害怕事物和情境(Rachman，1976)。首先，在特定情境下，直接经历伤害或一些负面结果可能导致恐惧。例如，被狗咬过的经历使人害怕狗。其次，观察到他人对某些情境的畏惧会使自己感到紧张。所以，如果一个人在成长过程中看到其父亲或母亲在开车时总是紧张不安，那么他们乘车时可能比他人更紧张。最后，听过或读过有关特定情境发生的危险，会促使人们产生害怕的情绪。例如，阅读与飞机失事相关的报道，将增加人们对飞行的恐惧。

直接经验的学习

社交情境中曾经有过的负面经历(尤其是与同龄人在一起)可能加深个人的害羞、胆怯和社交焦虑(Blöte et al.，2015)。例如，我们中心的一项研究表明，与存在其他焦虑问题的人相比，患社交焦虑症的人更可能描述在孩童期被过分取笑的往事(McCabe et al.，2003)，然而，这项研究并没有考虑取笑是否会引起社交焦虑。除此之外，其他社交创伤的例子包括：

- 在成长过程中，被其他的孩子欺负
- 父母、朋友、老师或雇主过分严苛
- 在社交情境中，做过令人尴尬的事(如犯过明显的错误、呕吐、惊恐发作等)

请在下面的空白处，列举出在社交情境中你所经历过的并使你产生社交焦虑的负面例子。

_____

_____

_____

_____

通过观察他人的学习

观察是一种让人学习对一些具体事物和情境感到害怕的强有力的方式。这种学习方式（也称作替代学习）包括通过观察他人在社交情境中的焦虑而产生胆怯；或是在社交情境中目击他人遭受创伤（如被欺凌或者取笑）而习得恐惧。研究表明，观察学习可能是导致社交焦虑的一个因素，而在本章前面讨论的大脑区域，如杏仁核和前额叶皮层，可能与这种学习有关。可能导致社交焦虑的观察学习的例子包括：

- 在成长过程中，家庭成员极度羞涩并且很少交际
- 目睹老师严厉地批评一名做完报告的同学
- 发现做报告的同事很紧张
- 目睹朋友在学校被其他同学嘲笑

观察学习的经验可能引起或导致你长期患社交焦虑症。在下面的空白处，请列出一些例子。

_____

_____

_____

通过信息和间接方式的学习

人们可以通过信息了解到哪些社交情境不安全（如被他人告诫给别人留下坏印象的危害），从而害怕社交情境。这些信息的来源包括媒体、同龄人、父母等。研究发现，父母的教育方式（如过度控制或过度保护）与儿童的社交焦虑程度有关（Spence & Rapee, 2016），并且在某种程度上这种关系可能与父母和子女沟通的内容有关。然而，我们应谨慎地解释这些发现，因为我们并不清楚是父母的教育方式导致了孩子的社交焦虑，还是其他一些变量加剧了孩子的羞涩感进而让这些父母出现了这种教育方式。

以下是一些信息传递导致社交焦虑的例子：

- 父母反复叮嘱给他人留下好印象的重要性
- 杂志和电视传递的注重个人形象,个人魅力完全取决于他人看法等信息

在下面的空白处,请列出一些引起你长期社交焦虑的信息学习的例子。

_____

_____

_____

_____

为什么只有一些人会产生极度的社交焦虑

尽管负面经历、观察和信息学习是人们习得恐惧的普遍方式,但它们并不足以解释为什么有些人会产生社交焦虑而有些人不会。几乎每个人都曾在社交情境中有过负面经历。我们大多数人曾经都被嘲笑过。不论是在家里,还是媒体中,到处都充斥着引起焦虑的信息。然而,并非每个人都会产生社交焦虑问题。为什么会出现这样的情况呢?

很可能,一个人在经历一系列负面社交经历之后是否会产生社交焦虑还受到其他因素的影响。这些因素可能包括生理因素,如遗传。先前的学习经历和个人处理负面社交经历的方式同样有可能影响恐惧的产生。例如,与有很多次成功演讲经验而仅失败过一次的人相比,第一次做公开演讲时被嘲笑的人更可能产生对公开演讲的恐惧。同样,一个人在学校常被嘲笑,要是有个好友给予帮助,就可能不会产生社交焦虑。

最后,经历严重精神创伤之后回避相似的社交情境,很有可能增加产生社交焦虑的概率。你可能听说过,从马上摔下来后最可取的办法就是立刻再骑回马上,这样才能避免日后产生对马的恐惧。这同样也适用于社交焦虑症。如果经历严重创伤之后回避相似的社交情境,很有可能增加恐惧该情境的可能性。

观念、注意力及记忆如何导致社交焦虑

与轻度焦虑的人相比,患重度社交焦虑症的人倾向以更负面的方式看待社交情境(另见第 1 章和第 6 章)。除了考虑引发焦虑的看法、解释和预测的作用,我们关注和记住信息的方式对了解社会焦虑的起源也很重要。

许多研究探讨过思维模式、注意力和记忆在社交焦虑中所起的作用。同样,也有证据表明,帮助人们改变其焦虑想法是一种缓解社交焦虑的有效方式。其他研究对想法和社交焦虑进行了综述(Hofmann, 2007;Kuckertz & Amir, 2014;Spence & Rapee, 2016),但以下发现是本研究的重点:

- 与未患明显社交焦虑症的人相比,有重度社交焦虑的人认为负面社交事件更易发生,并且造成的损失更大(就它们的后果而言)(Foa et al., 1996;Moscovitch, Rodebaugh & Hesch, 2012)。例如,患重度社交焦虑症的人往往高估过去社交失败的负面后果,以及他人犯下的社交失误的影响。这可能与其看法有关,即他人的社交准则过高或死板,或者两者兼而有之(Moscovitch et al., 2012)。
- 与那些患轻度社交焦虑症的人(Rapee & Lim, 1992)相比,有严重社交焦虑的人倾向于更苛刻地评价自己的表现(如在谈话或演讲中),他们比其他人更挑剔自己的表现(Alden & Wallace, 1995)。
- 社交焦虑症患者倾向于高估其生理反应(如脸红)被他人发现的程度(Mulkens et al., 1999)。
- 当遇到模棱两可的社交情境(如他人直视的目光或无回应的电话)时,患重度社交焦虑症的人极有可能往负面的方向去思考(Kuckertz & Amir, 2014)。
- 患社交焦虑症的个体对负面反馈更敏感(Khdour et al., 2016)。
- 与轻度焦虑的人相比,社交焦虑症患者更倾向于关注带有社交威胁的信息,而非无社交威胁的信息。例如,当要求看一组词语时,他们会花更多的时间看那些和社交焦虑相关的字眼(如"脸红"或"晚会"),而焦虑较少的人则不会如此(Kuckertz & Amir, 2014)。

- 与没有社交焦虑的人相比,重度社交焦虑的人更倾向于关注愤怒的面孔(Hagemann,Straube & Schulz, 2016),而较少关注微笑的面孔(E. C. Anderson et al., 2013)。

- 总的来说,对记忆和社交焦虑的研究结果喜忧参半(Kuckertz & Amir, 2014),不过患社交焦虑症的人有一种倾向,他们能更深刻地记住并且辨认他人的面容,特别是当面部表情传达出负面或紧急的信息时(Lundh & öst, 1996)。

- 研究表明,与轻度社交焦虑的人相比,重度社交焦虑的人更倾向于回想关于自己的负面和社交焦虑的往事(Krans, de Bree, and Bryant, 2014;Morgan, 2010)。

总之,这些研究显示社交焦虑和社交焦虑症与思维方式有关,这种思维方式有可能将问题变得更为严重。在第6章,我们将讨论如何用灵活和更为现实的思维方式代替焦虑思维。许多研究调查了这些疗法的效果,发现这些疗法可以减轻负面思维(Hirsch & Clark, 2004)。

在下面的空白处,列举你可能因思维模式、注意力偏向和选择性记忆而导致社交焦虑的例子。

_____

_____

_____

行为举止如何导致社交焦虑

如第1章所述,回避社交情境、过度保护自己,长远来看会加深社交焦虑。换言之,有社交焦虑的人在应对恐惧时常用的策略,事实上可能将问题变得更糟。例如,最近的研究(Plasencia, Alden & Taylor, 2011)调查了重度社交焦虑的人在社交互动中采用的两种安全行为:

安全行为包括回避(如避免眼神接触)和印象管理(如一遍又一遍地排练演讲,以确保给观众留下好的印象)。

该研究发现,在与他人互动的过程中,使用回避安全行为与焦虑水平增加有关。研究还发现,在互动过程中,使用印象管理安全行为,与对第二次互动的负面预测之间存在关联。

另外,在社交情境中人们运用的一些自我保护行为,反而会导致社交焦虑症患者最害怕的结果,即他人的负面反应。例如,如果在晚会上与他人聊天时,你说话小声,避免目光交流,回避表达自己的观点和意见,人们就可能会选择与别人聊天。他们可能将你的行为理解为你对聊天不感兴趣或你本身难以接近。事实上,普拉森西亚、奥尔登和泰勒在 2011 年的研究佐证了这一观点,即在社交互动中使用回避行为可能会适得其反,这些行为会导致更多的负面反应。

一个相关的问题是社交技能在社交焦虑中的作用。如前所述,重度社交焦虑的人往往比他人更挑剔自己的社交技巧和表现(Alden & Wallace,1995)。然而,最近的研究证实社交焦虑有时与社交表现的实际缺陷有关(Spence & Rapee,2016)。在某些情况下,个人可能缺乏某些技能(如不知道如何进行有效的演讲)。不过,在很多情况下,他们的社交技巧还不错。相反,是焦虑和相关行为干扰其社交表现而不是缺乏技能。

在下面的空白处,列举一些可能导致你长期社交焦虑的行为。

在第 7 章至第 9 章中,我们将讨论如何采用策略直面恐惧情境、接纳不良情绪,并停止使用对克服恐惧不利的安全行为。同时,在第 10 章我们将讨论提高沟通技巧和社交表现的策略。

第3章
了解社交焦虑

心理学家、精神病学医生或者其他心理健康专家帮人解决某一特定问题的最初阶段都有一个评价和评估期。为了制订出最佳的治疗方案，评估过程中需要收集能更好地了解问题性质和问题严重程度所需的信息。最初的评估几乎总是包括一次面谈，也有可能包括各种各样的问卷调查和标准化测试。有时，治疗师可能让病人通过写日记来监测其具体的想法或行为。

临床医师可能在社交焦虑第一次问诊（甚至最初的几次问诊）中，询问有关病人社交焦虑的问题，了解他可能有的其他问题以及此人的基本背景和人生经历。医师也可能让病人填写一系列的调查问卷来估量其社交焦虑及相关问题。另外，医师通常还要求病人在两次问诊间隔期间写日记，以此来评估此人在社交情境中的焦虑、沮丧及该问题的其他方方面面。评估过程有助于临床医师了解病人的问题，并选择适当的疗法。另外，时不时重复某些评估能让医师衡量治疗是否有效（McCabe，Ashbaugh & Antony，2010）。

同样，一次详细的自我评估能帮助你了解和应对你在社交焦虑方面的困难。我们强烈建议，在你开始改善自己的社交焦虑之前，先做一次彻底的自我评估。这种评估过程主要有以下四点好处：

（1）让你能评估自己社交焦虑的严重程度。

（2）帮助你识别关键问题所在。

（3）使我们更容易选择最佳疗法。

（4）当你采用本书中所介绍的应对策略时，你将有机会评估自己的进步。

下面我们将详细地逐一讨论以上四点。

评估自己社交焦虑的严重程度

说到"严重程度",我们需考虑以下 5 个方面:①在社交和表现情境中你恐惧的程度;②让你产生社交焦虑的不同情境范围;③你经历强烈社交焦虑的频率;④社交焦虑对你的日常生活、事业和社会关系的影响;⑤社交焦虑困扰你的程度。通常情况下,随着社交焦虑的程度加重,恐惧的程度、受影响的情境数量、经历焦虑的频率、对日常生活的干扰程度以及病人被恐惧困扰的程度都会增加。

找出需要解决的问题

如果你和很多人一样,你有可能在许多不同的社交情境中都会产生焦虑。一个综合的自我评估将帮你决定首先解决哪些恐惧。首先,找出你害怕并回避的情境很重要。其次,你需要找出你的治疗重点——也就是说,你想要最先开始解决问题的哪些方面。在选择治疗重点时,记住以下几点建议:

- 从你觉得能很快见效的问题开始。迅速地改善将有助于激励你挑战更困难的情境。
- 尽力克服对你日常生活干扰最大的恐惧。与对你妨碍不大的恐惧相比,直面让你最失控的恐惧将给你的生活带来更大的影响。
- 如果其中一个治疗目标对你很重要,但又极其难以应付,那就将其分成更小、更易掌控的小目标。例如,如果你害怕约会,那就把约会这个情境分解成几个步骤来克服,比方说先跟一个你心仪的同学打招呼,然后连续几周跟他同桌,进而在课后和他说话,主动提出和他一起学习,最后才约他课后和你共进晚餐。

选择最佳疗法

自我评估可以帮你决定采用哪些治疗策略。在许多情况下,你所选的具体疗法和你在自我评估中确定的因素直接相关。评估到底是如何帮你选择最佳疗法的,请见以下例子:

- 找出你害怕并回避的情境,将帮助你选择哪些情境用于做暴露训练(详见第7章和第8章)。

- 焦虑时,确定你对各种生理反应的害怕程度,以决定你是否需要进行身体不适反应的暴露训练(详见第8章)。

- 评估在哪些方面你的社交技巧还能提高,将帮你决定是否要在敢于直言、公开演讲、约会或一般的交流技巧上下功夫(提高各种社交和交流技巧的方法详见第10章)。

- 如果决定采用药物治疗,选择哪些药物取决于你之前的用药反应,以及这些药物与你正在服用的其他药物的相互作用,你具有的医疗条件,可以接受的副作用以及很多其他因素。如果考虑用药,自我评估时就得考虑这些问题(详见第5章)。

评估自己的进步

评估不只停留在治疗的最初阶段。相反,评估程序应该贯穿整个治疗过程,这样你就可以评估治疗的效果,治疗结束后还偶尔做做自我评估,会让你了解之前的治疗是否具有持续的疗效。

怎样一步步地进行自我评估

治疗社交焦虑的医师和临床医生用多种方式来评估病人。最常见的方法包括:

自我问诊

问诊时,医生会询问病人一些具体问题,比如他的发病史、焦虑症状及其相关问题。聊天是一种了解病人并知悉其困难的简单方法。在本章中,我们将描述如何进行自我问诊。

问卷调查

问卷调查是指病人在治疗前、治疗中和治疗结束后要完成的笔头测试。这些问卷可为问诊查漏补缺还可以证实并扩展问诊时了解的信息。最常用的问卷通常需要训练有素的临床医生进行评分和解释,因此本章不包括这些问卷。

写日记

医生会要求病人在疗程间隔期间每天写日记。这样能让病人有机会记录事发时(及事发后)自己的想法和感觉,而不需要之后再来回想一个复杂事件的所有细节。

行为评估

行为评估是指直接观察病人的行为,或让他执行某一特定行为,然后评估在该情境中其想法和感觉。最常见的社交焦虑行为评估法有行为方法测试和行为角色扮演,包括让病人进入其害怕的社交情境(行为方法测试)或让其在角色扮演中把他害怕的情境表演出来(行为角色扮演),然后让他描述自己的恐惧程度、焦虑想法及其他感受。例如,模拟一个工作面试的场景,由朋友、亲戚或治疗师扮演面试官的角色。

尽管这些评估通常是由心理学家、精神病学医生或其他专业人员进行的,但也可以自己做。自我评估一般包括以下三个步骤:

- 做一次自我问诊(如回答一些关于焦虑及其相关病症的重要问题)。
- 完成焦虑日记(第 1 章提到的"社交焦虑三大组成部分监测表"就是一例)。
- 完成一次行为方法测试或行为角色扮演。

做一次自我问诊

通常心理咨询始于问诊。在问诊过程中,医生会问病人一些有关病症的问题。问诊帮助医生识别病症中最关键的特征,是制订有效治疗方案的第一步。

为了协助你进行自我问诊,我们为你提供了 10 个基本问题。请在自我评估开始时回答这些问题。回答这 10 个问题将帮你解决以下问题:确定社交焦虑对你而言是否真的是个大问题;找出导致社交焦虑的因素;选出你亟待解决的具体情境。我们将在第 4 章开篇再提供一些问题来帮助你制订治疗方案。

哪些社交情境是你感到恐惧并回避的

请以百分制为你在特殊或正常情况下遇到以下情境(分为人际情境和表现情境,详见第 1 章)时的恐惧程度和回避频率打分。例如,如果你十分害怕做口头报告,但只在一半情况下回避,那你的恐惧指数可能是 80,而你的回避指数可能是 50。如果是一个你从未遇到的情境,那就先想象自己置身其中有多恐惧,如果它确实时不时发生的话,记录你回避的频率,然后再打分。请使用以下评分梯度给你的恐惧程度和回避频率打分:

恐惧程度

0	10	20	30	40	50	60	70	80	90	100

无　　　　轻度　　中度　　　　重度　　　极重

回避频率

0	10	20	30	40	50	60	70	80	90	100

从不回避　　　极少回避　　有时回避　经常回避　　总是回避

表 3.1　恐惧社交情境工作表

人际情境(需与他人打交道)

恐惧程度	回避频率	具体情境
_____	_____	邀请某人约会
_____	_____	跟同学或同事攀谈
_____	_____	去参加派对
_____	_____	邀请朋友到家共聚晚餐
_____	_____	被介绍给不认识的人
_____	_____	给朋友打电话
_____	_____	给陌生人打电话
_____	_____	通过视频会议与朋友或熟人交流(如网络电话)

恐惧程度	回避频率	具体情境
_____	_____	通过社交媒体与朋友或熟人交流（如微信或朋友圈）
_____	_____	表达个人意见（如对最近看的一部电影或读的一本书发表意见）
_____	_____	参加工作面试
_____	_____	直言（如拒绝不合理的请求）
_____	_____	到商店退货
_____	_____	在餐馆退食物
_____	_____	做眼神交流
_____	_____	其他情境：_____
_____	_____	其他情境：_____
_____	_____	其他情境：_____

表现情境（需成为他人关注的焦点）

恐惧程度	回避频率	具体情境
_____	_____	做工作报告
_____	_____	在派对或家庭聚会上敬酒
_____	_____	在工作或学校会议上发表讲话
_____	_____	在他人面前做运动或健身
_____	_____	出席他人的婚礼派对
_____	_____	在他人面前唱歌或演奏乐器
_____	_____	在他人面前吃喝
_____	_____	和其他人共用公共卫生间
_____	_____	写字时有人看着你（如签支票）
_____	_____	在公共场合犯错（如有个单词发音错误）
_____	_____	在熙熙攘攘的公共场合行走或慢跑
_____	_____	向一群人做自我介绍

恐惧程度	回避频率	具体情境
_____	_____	在拥挤的商店购物
_____	_____	其他情境：_____
_____	_____	其他情境：_____
_____	_____	其他情境：_____

哪些因素会加剧或减弱你的焦虑？

自我评估中很重要的一个步骤就是搞清楚在特定情境下，哪些因素会让你的焦虑加剧或减弱。例如，如果你害怕和别人一起吃饭，就有很多因素会影响你在此情境下的焦虑，包括和谁一起吃、在哪儿吃和吃什么。找出在特定情境下，影响你恐惧程度的因素将帮你在开始使用"基于暴露训练的策略"时（此书后面将会讨论）做出适当的选择。

以下清单列举了社交情境中，有时会影响一个人的恐惧和焦虑程度的因素。每一项都请用百分制，并依据其在你害怕的那种社交情境中对你的恐惧和不适感的影响程度，给列出的这些因素打分。例如，如果你跟女性说话时比跟男性说话时要不安得多，你可能就对方的性别对你焦虑的影响程度打 75 分或 80 分。请使用下面的评分梯度来打分。

不适感的影响程度的评分梯度

0	10	20	30	40	50	60	70	80	90	100
没影响		影响小			影响适度		影响大		影响非常大	

表 3.2　不同因素对焦虑的影响程度

他人的方方面面及其对你不适感的影响程度

对你不适感的影响程度	具体项目
_____	对方的年龄
_____	对方的性别

对你不适感的影响程度	具体项目
_____	对方的感情状况(已婚、恋爱中还是单身)
_____	对方的外貌对你的吸引力
_____	对方的国籍或种族背景
_____	对方的自信程度
_____	对方看起来有多好斗或有多固执
_____	对方看起来有多风趣
_____	对方看起来多有文化或聪明
_____	对方看起来有没有幽默感
_____	对方看起来经济条件好不好
_____	对方看起来穿得好不好
_____	其他因素:_____
_____	其他因素:_____

你和对方的关系及其对你不适感的影响程度

对你不适感的影响程度	具体项目
_____	你对对方的了解程度(他是你的家庭成员、好友、熟人、陌生人等)
_____	你跟对方关系的亲密或密切程度
_____	你和对方是否有过冲突
_____	你和对方是何种关系(如上级、同事、雇员)
_____	其他因素:_____
_____	其他因素:_____

自身感觉的方方面面及其对你不适感的影响程度

对你不适感的影响程度	具体项目
_____	你的疲倦程度
_____	当时你生活中的总体压力水平
_____	你对讨论的话题的了解程度
_____	进入此情境前你的准备程度(如你有没有机会演练你的陈述)

对你不适感的影响程度	具体项目
_____	其他因素：_____
_____	其他因素：_____

情境的方方面面及其对你不适感的影响程度

对你不适感的影响程度	具体项目
_____	光线明暗程度（如光线很强，让你感觉任何焦虑的蛛丝马迹都逃不过别人的眼睛）
_____	情境的正式程度（如在婚礼宴会上进餐与跟朋友吃一顿便饭相比）
_____	参与的人数（如只对一些同事做报告与对满满一礼堂人做报告相比）
_____	涉及的活动（如吃饭、讲话、写字等）
_____	你的身体姿势（如坐着、站着等）
_____	你是否可以喝酒或服药来使自己感觉更自在
_____	你在此情境中停留的时间长短
_____	其他因素：_____
_____	其他因素：_____

你有哪些生理反应及你对这些反应的恐惧程度

以下是一系列人们在焦虑、忧虑或恐惧时会有的生理反应。请先用百分制为每一项打分，该分数须反映你在一个典型的会引起焦虑的社交情境中你的生理反应强度。分数 0 说明你通常没有这种生理反应，而分数 100 说明当你遇到你的"老大难"情境时这种生理反应通常极其强烈。下一步，就在别人面前有过这种生理反应的恐惧程度打分，还是用从 0～100 分的评分梯度。分数 0 说明你一点也不在乎在别人面前有这种生理反应，而分数 100 说明你极其害怕在别人面前有这种生理反应。

表 3.3　不同情境下,你的生理反应及你对这些反应的恐惧程度

生理反应强度的评分梯度

0	10	20	30	40	50	60	70	80	90	100

一点也不　　　　轻度　　中度　　　重度　　　极重

对在别人面前有生理反应的恐惧程度的评分梯度

0	10	20	30	40	50	60	70	80	90	100

不害怕　　　轻度害怕　中度害怕　重度害怕　　极其害怕

生理反应强度	对有生理反应的恐惧程度	情境
_____	_____	心跳加快或加剧
_____	_____	呼吸困难或有窒息感
_____	_____	头晕或头昏
_____	_____	吞咽困难、有哽咽感或感觉喉咙上有"肿块"
_____	_____	颤抖或震动(如手、膝盖、嘴唇或整个身体)
_____	_____	脸红
_____	_____	恶心、腹泻或局促不安
_____	_____	过度出汗
_____	_____	声音颤抖
_____	_____	流泪、爱哭
_____	_____	注意力不集中(忘记自己想要说什么)
_____	_____	视力模糊
_____	_____	有麻木和刺痛感
_____	_____	不真实感,灵魂似乎与躯体或周围的东西分离开来
_____	_____	肌肉紧张、酸痛或疲软
_____	_____	胸疼或胸部肌肉紧张
_____	_____	口干
_____	_____	忽冷忽热

生理反应强度	对有生理反应的恐惧程度	情境
_____	_____	其他反应：_____
_____	_____	其他反应：_____
_____	_____	其他反应：_____

你有哪些引起焦虑的想法、预测和预期

正如我们在第 1 章所讨论的,你的思维、观念会对你在社交情境中的感受产生重大影响。例如,如果你预期其他人会认为你又傻又软弱又没吸引力,那么你很可能会在他们面前感到焦虑。如果你不太关心在某一特定情境中别人对你的看法,那么你会感觉舒服得多。通常,我们的想法和预测不是以事实为基础的。在社交和表现情境中焦虑感越来越强烈的人,对这些情境的想法和预测通常是消极的。这些思想往往会夸大危险发生的可能性,让人无缘无故地往最坏处想。

认知疗法通过让人从不同的角度看待情境,产生一些更切合实际的想法,教人识别并改变他们的焦虑思维、预测和预期。然而,改变你的想法之前,你得先学会观察这些想法,并判断它们是不是不切实际以及是不是这些想法引起了你的焦虑。

第 1 章列举了一些会引起社交焦虑的想法和预期的例子。有些例子包含基本假设,如"人人都喜欢我,这对我很重要"和"没有人会认为我风趣"。其他的例子更多地侧重于某一特定情境,如"如果我上课去早了,想不出跟别人说些什么"和"如果让其他人发现我的手在发抖,他们会觉得我这个人怪怪的"。

想要找出让自己出现焦虑的想法,我们推荐以下步骤。首先,回过头去看一下第 1 章列举的那些会引起社交焦虑的想法的例子。这些例子将让你了解什么类型的想法通常与社交焦虑相关。接下来,想想你认为最难融入的一些社交情境(如和陌生人说话、和其他人一起吃饭、在会议上发言),尽可能回答以下问题。你的回答将帮助你了解哪些想法和预期让你产生焦虑。

表 3.4 引起焦虑的想法

想法类型	具体想法
在此情境中,发生什么事会让我害怕?	⋮
在此情境中,他人对我会有什么看法?	⋮
我给别人留个好印象总是那么重要吗? 为什么?	⋮
在此情境中我有何反应(我会出现什么症状)?	⋮
如果我的预测是真的怎么办? 那会导致什么后果?	⋮
还有没有其他会引起我焦虑的思想或预测?	⋮
如果你觉得对于大多社交情境而言,这些问题很难回答,那么尝试着回答一个令你感到特别焦虑的特定社交情境。你能回忆起最近什么时候在社交情境中感到焦虑吗? 你脑子里在想什么? 你预测会发生什么呢?	⋮

你有哪些焦虑行为

一种想要做些什么来减少这些不适感的强烈欲望,常常伴随着焦虑和恐惧。你有没有用一些行为来减少自己的焦虑呢? 以下是一些例子。

回避社交情境。有没有你拒绝融入的情境呢? 例如,你回避派对吗,尤其是没有你认识的人去时？电话铃响时，你会回避接听吗？你会拒绝做口头报告吗，即使是一些重要报告？你是否会为了回避同龄人的评价而不更新社交媒体？"回避"是让你长期恐惧和焦虑的常见方式之一。在这一章的前面部分，你已经给自己对各种社交情境的恐惧程度和回避频率打了分。作为回顾焦虑行为的一部分，请再浏览一下此清单，标注出哪些情境是你有时一定会回避的。如果你还能想起其他情境，请列在下面。

_____

_____

_____

对已知的不足矫枉过正。如果你意识到自己在一些社交情境中有缺陷或过失，你有没有极力去弥补呢？例如，你会为准备一次口头报告而收集太多的材料、背下报告内容或照着笔记逐字朗读？为避免过度紧张导致思维不连贯，和朋友见面吃饭前你会练习你要说的每一句话吗？为了让别人察觉不出你的焦虑，你会一反常态侃侃而谈来显得外向吗？这里举的每一个例子都是人们有时矫枉过正去掩盖自己认为是缺陷的表现。如果你能想起发生在自己身上的相似例子，请列在下面。

_____

_____

_____

_____

过度检查及寻求安慰。社交焦虑、羞涩和表现焦虑有时会导致人们出现频繁检查以寻求安慰的行为。例如，频繁地照镜子以确认发型完美；不断向朋友求证自己是风趣或聪明的。

尽管偶尔寻求心理安慰是有益的，但频繁这样做会间接导致你一直处于恐惧状态，所以是有负面影响的。一遍遍地寻求安慰可能会让你更加坚信自己某方面确实出了问题（要不然你为什么需要如此频繁地自我检查呢）。同时，你可能永远学不会自己给自己所需的信心。最后，因为你不停地让别人给你信心，可能会使他人对你产生负面看法，从而导致你最害怕的一些事情变成现实，其他人可能厌倦了总是给你打气。同样，如果你不停地要求别人对你做出评价（如说你很聪明、很风趣或很有吸引力），事实上你可能正在训练他们更关注你。

_____

其他一些微妙的回避及安全行为。对已知的不足矫枉过正和过度检查都是安全行为的例子,因为这两种行为都是用来帮你在社交情境中感觉更安全或防止潜在的伤害的。与完全回避恐惧情境不同,这里要谈的是一些更细微、更难察觉的回避行为。你有没有其他一些用来回避社交情境的微妙方法,或是在社交情境中用来保护自己远离焦虑的安全行为?

例如,如果你不得不做一个口头报告,你会站在一个特定的位置上吗?你会穿某种款式的衣服来遮盖你所认为的自己外表上的"缺陷"吗?为了不留时间给大家提问,你做报告时会故意拖延时间吗?为了让大家不注意你,做报告时你会用视频或幻灯片吗?你会避免跟观众眼神交流吗?如果你去参加派对,为了不和别人说话,你会故意跟熟人待在一起吗?你会一到派对就喝上一两杯以免自己过度焦虑吗?为了回避和其他客人聊天,你会主动提出去厨房帮忙吗?为了回避和他人待在一起,你会频繁地跑厕所吗?在派对上和其他客人聊天时,为了不把话题转到自己身上,你会问对方很多问题吗?

所有这些都是在社交情境中人们有时会使用的微妙回避策略。在第1章我们已经提到,这些行为在短期内可以增强你的安全感,减少焦虑。然而,从长远来讲,它们却阻止了你的焦虑随着时间的推移而自然减少,因为这些行为无法让你认识到:即使不依赖这些微妙的回避策略,社交情境也会是安全的、可控制的。请在下面的空白处,列举你使用微妙的回避策略或安全行为控制社交焦虑的例子。因为这些行为可能依不同的情境而异,下面的空白处可供记录五种社交情境下你微妙的回避和安全行为。

表3.5　五种社交情境下你微妙的回避和安全行为

社交情境	微妙的回避及安全行为
1.	
2.	
3.	

续表

社交情境	微妙的回避及安全行为
4.	
5.	

把自己和"错误的人"相比。我们评估自己的方法之一就是把自己和别人比较。上学时我们会问班里同学的考试分数,这样才知道和别人相比自己的学习成绩如何。我们好奇同事的薪水,部分原因是通过这些信息可以了解自己是否获得公平的报酬。

研究不断表明,大多数人会把自己跟他们认为在某一特定层面和自己情况相当或稍稍好点的人做比较。例如,一个成绩中等的学生可能会把他的分数同其他中等成绩的学生或中等稍偏上的学生相比。同样,一个顶尖运动员往往会把他的成绩同其他顶尖运动员相比,这样才能评价他自己成绩的好坏。这种社会比较模式之所以有意义,是因为这样最有可能提供你可以用来衡量自己表现的信息。把你自己同你认为在某一特定层面比你好得多或差得多的人做比较没有任何意义。例如,如果你是一名音乐家,并且大多只在当地俱乐部里表演,但是你把自己和世界上最有名、最成功的音乐家相比,那就没意义了。做这样的对比很可能让你觉得自己不够优秀,因为你会觉得自己不可能比得上他们。

我们中心的研究(Antony et al.,2005)显示,与轻度社交焦虑的人相比,重度社交焦虑的人更会做一些不同类型的社会对比。具体来讲,社交焦虑连带着一种趋势,一种更频繁的"比上"的趋势。换句话说,患有社交焦虑的人更有可能把自己和他们认为比自己优秀的人做对比。比上增加了一个人比过之后感觉更糟的可能性。

你能回想起最近一些你把自己与比你更有吸引力、更优秀、更强壮、更时髦或不那么焦虑的人进行比较的例子吗?或者你会在其他一些层面"比上"吗?比较后你感觉怎样?你是不是经常把自己和你认为在某一层面理想或完美的人相比,而不和你认为平常或一般的人比?请在下面的空白处,举一个你把自己和在某种程度上比你"好"得多的人做比较的例子。

提高"人际技巧"后你能受益吗

每个人都会有因为不知如何给他人或一个群体传达信息,而给别人留下糟糕印象的时候。大体来讲,这不是什么大问题,除非这种情况经常发生或是在非常重要的情境中发生。

尽管患社交焦虑症的人往往低估自己的社交技能,但大多数情况下,他们还是有良好的社交技巧的。此外,随着焦虑减少,他们获得了更多在惧怕的情境中和别人交流的机会,他们的交流技巧往往随着时间的推移也有所提高。但是,焦虑可能会时不时影响其社交表现,如果没有机会练习,某些技能可能会生疏。

下面我们将讨论你可能需要考虑提高的交流技巧。这非常有助于你跨越这些年来一直回避的情境的一些细节。例如,如果你从来没有约过会,你可能需要提前练习如何邀约才能最大可能得到肯定的答复。阅读这些例子时,请尽量明确你想学会的"人际技巧"。这一部分的最后留有空间供你记录思考的结果。

敢于直言。你是不是觉得做个坦率的人很难?换句话说,如果有人要你做你不愿意做的事,你觉得说"不"难吗?如果有人对你不公或没有做他们分内的事情,你觉得让他们改变自己的行为难吗?很多人有时觉得直接果断地处理这种事情很难。然而,在须坦率沟通的情境下,你遇到的困难越多,你从学习坦率技能中获得的益处越多。

化解冲突的技巧。在涉及冲突的情况下,你是否倾向于避免与他人直接沟通?或者,你是否发现有时候你被愤怒控制,导致你大喊大叫或冲出房间,即使情况并没有糟到这个地步?社交焦虑常与难以控制情绪有关,包括愤怒。如果你是这样的话,那么,学习在冲突情境中进行有效沟通将对你有所帮助。

肢体语言、语气和眼神交流。你是否很难和别人进行眼神交流?你的语气或肢体语言传递的信息是否表明你不乐意和别人打交道?传递这样信息的行为可能包括说话小声或声音越说越小,跟别人说话时离得远远的,回答问题太过简短,体位"封闭"(如双臂交叉或双腿交叉)等。虽然你可能在社交情境中用这些行为来保护自己,但实际上可能会适得其反,从而拒他人于千里之外。如果你传递给别人的信息是你不在状态,那对方就更有可能会走开。

换句话说,你避免被拒绝的做法可能会导致你被拒绝。

会话技巧。你是否不知道跟同事或同学聊些什么?也不了解应该怎样或何时结束一段对话?你是不是觉得很难把握适当地自我暴露和过多谈论自己之间的分寸?你是不是经常要澄清自己的观点,或不停地道歉从而确保自己的话没有被误解?如果你不擅长闲聊或拉家常,那么努力提高这些技巧可能会让你受益。

结识新人。当你想和不认识的人搭讪时,是否不知道说什么好?你是不是不敢约别人出去?你是不是不知道怎样和在什么地方才能认识新朋友?其实有很多地方都可以,也有好多小窍门可以让你更容易认识新人。第一步就是要确认这是不是你想要努力的方向。

做口头报告的技巧。成功的公开演讲涉及很多复杂的技巧和行为,仅仅做到冷静和有自信是不够的。高效的演讲者知道如何借助幽默、有效的音频、视频和讲义、鼓励听众参与、传达出对主题的兴趣等来抓住听众的注意力。如果你害怕演讲,要克服这种恐惧,提高你的演讲技巧就是你努力的一个方面。

请在以下空白处列出任何你想要提高的社交或沟通技巧。

_____

_____

_____

_____

社交焦虑对你或你生活的干扰程度有多大

我们在第1章已经提到,只有当社交焦虑、羞涩和与表现相关的恐惧严重影响到你的生活时才能称其为问题。因此,作为自我评估的一部分,弄清这种影响的范围和程度是很重要的。在哪些情境中你最渴望克服恐惧?例如,克服与朋友交往时的恐惧对你而言可能更重要,而相对来说,如果你从不需要在人群面前发言,那克服对公开演讲的恐惧对你来说就没那么重要了。

请在以下空白处,记录:①社交焦虑如何干扰你的正常运作(包括工作或学习、社交生活、社会关系、个人爱好和业余活动、家庭和家庭生活);②你最想改善自己社交焦虑的哪些具体方面;③你不太想改善自己社交焦虑的哪些方面。

社交焦虑如何干扰我的生活：

_____

_____

我想要改善的社交焦虑有哪些：

_____

_____

我不想改善的社交焦虑有哪些：

_____

_____

_____

你的社交焦虑是怎么开始的，何时开始的

在社交情境中，第一次感到明显的焦虑时，你几岁？那个时候你的生活中发生了什么？

_____

_____

第一次发现社交焦虑开始干扰你的生活时，你多大？当时发生了什么？

_____

_____

这些年你的社交焦虑如何变化？有所改善、保持原样还是变得更糟了？你知道是什么因素导致了这些年的变化吗（如结婚或搬进了一个新社区，等等）？

_____

_____

_____

是否有什么特殊事件导致你在社交情境中变得更紧张或者加剧了你的社交焦虑？诸如，演讲不顺利，成长过程中被取笑或在公共场合有过尴尬或羞耻的经历都算。

_____

_____

_____

家庭其他成员有类似的问题吗

你知道家里还有哪些人在羞涩、社交焦虑或与表现有关的恐惧方面有问题吗？如果有，你认为这对你在这些情境中的感受有影响吗？如果有，那它又是如何影响你的呢？

_____

_____

_____

有没有身体方面的原因导致了你的社交焦虑

对有些人来说，身体的健康状况或内在的原因可能导致社交焦虑。例如，和不结巴的人相比，结巴的人在和别人说话时可能会更紧张。他们的恐惧通常是因为担心自己结巴发作，而且其他人会注意到这一点。同样地，有其他病症的人（如因为帕金森病发抖，不得不靠轮椅四处走动；因为严重的关节炎而字写不整齐）可能也会在别人观察他们的症状时而有所察觉。

而某些没有病症的人为摆脱恐惧，可能会手抖、脸红或过度出汗。对这些人来讲，这些反应往往会非常强烈，甚至不在社交情境中或不是很焦虑时也可能经常发生。虽然，很多有这些严重症状的人并不在乎别人的目光，但对有些人来讲，这些症状会导致社交焦虑。

你有什么身体状况或内在疾病增加了你在其他人面前的焦虑感吗？如果有，请详细记录在下面的空白处。

_____

_____

_____

记日记

用来评估社交焦虑的日记通常由一些可以记录与焦虑相关的症状的表格组成,比如遇到恐惧情境的频率、焦虑的程度(用从 0～100 的评分梯度),脸红、发抖等不适的生理反应以及焦虑的想法和预测(如"做这个报告会让我出丑"),以及回避、分心等焦虑行为。你在第 1 章填写的表 1.1 社交焦虑三大组成部分监测表就是这种日记的一个例子。这本书里还有很多其他表格和日记,可供你在尝试后面章节描述的具体疗法时使用。

行为评估

最常用的社交焦虑行为评估是"行为方式测试",简称 BAT。这种评估法需要被试亲临其害怕的情境,测试其焦虑及相关症状。例如,如果你害怕做公开演讲,你可能必须在公司的员工大会上发言。会后记录该情境的详情(有哪些人出席,你讲了多久等),你的恐惧程度(如百分制你打 80 分),你的体验(如心跳加快),你的焦虑想法(如"我会语无伦次"),以及你是否有过回避行为(如回避目光交流)。

如果你非常害怕在真实情境中做评估,或者因为其他原因无法完成,也可以用角色扮演来完成该评估。在角色扮演时,你在临床医师或另一个人在场的情况下把自己害怕的情境表演出来。例如,如果害怕参加工作面试,你就可以让另一个人(朋友、家人或临床医师)扮演面试官。练习后,你再记录下面试现场的详情、你的焦虑程度、焦虑想法以及回避行为。

临床医师之所以会采用行为评估法,是因为与面试和问卷调查类的传统评估形式相比,行为评估法有不少优点。首先,这种评估形式不太可能因为被试记不清恐惧的细节而受影响。例如,在描述过去面临某个情境时的恐惧程度,有些人可能会高估或低估其恐惧程度。他们的记忆可能会被恐惧情境中特别消极的感受影响,结果他们所评估的恐惧程度比实际上要高。而且,被试对自己在恐惧情境中的反应的记忆可能很模糊,因为他们通常会回避自己害怕的情境。这样就更难确切地了解他们面临此情境时的真实感受。

其次,行为评估法允许临床医师和被试直接观察在其他情况下可能会忽略的一些与焦虑相关的想法和行为,同时临床医师还能独立评估被试发抖、脸红或出汗等反应可被其他人观察到的程度。

你能想到一个单凭自己就可以做的行为方式测试或角色扮演吗？例如，如果你害怕在会上大声发言，那就尝试在会上大声发言。会后，立即记录你的身体感觉、焦虑想法以及你发言时采取的回避行为。情况比你预期的要好一些、糟一些，还是和你预期的一样？

疑难解答

你可能会发现自我评估并不像你所希望的那样进展顺利。以下是一些自我评估过程中可能出现的常见问题，以及一些解答、建议和安慰的话。

问题：我不知道所有问题的答案。

解答：这种情况在预料之内。随着治疗的进展，你将有机会更加了解自己的社交焦虑。自我评估是一个持续的过程，没必要在着手改善社交焦虑之前就知道所有问题的答案。实际上你可能永远无法回答有些问题。没关系，这一章的目的只是帮你弄清楚最困扰你的是哪些方面。

问题：回答这些问题让我更焦虑了。

解答：这很正常。自我评估会迫使你注意那些引起你焦虑的想法。焦虑增加往往只是暂时的。随着你逐步完成该书提到的疗程，你可能会发现专注于与社交焦虑相关的想法和感受使你不再那么焦虑了。

问题：我对这些问题的回答取决于很多不同因素，所以我觉得很难回答某些问题。

解答：做评估的人经常会提这个问题。因为回答取决于太多因素而让问题很难回答。例如，问题"你有多害怕做公开演讲"就可能取决于以下这些因素：报告的题目、到场的人数、室内光线、报告时长、准备是否充分以及很多其他因素。我们建议你在处理较难问题时，以典型或一般情境为基础来回答。因此，如果依据情境，你对公开演讲的恐惧程度在30~70分的话，你就可以写50分，还可以写成"30~70"，这样还更准确些。

读完本章后，你应当对你的社交焦虑的性质有了更深的理解。你应当更清楚自己害怕并回避的是哪种社交情境,哪些因素影响了你的不适程度,你焦虑时有哪些生理反应,哪些想法和行为引起了你的恐惧以及社交焦虑如何干扰你的生活。理解自己社交焦虑的方方面面将帮你在接下来的章节中选择战胜恐惧的最佳疗法。

第二部分

如何克服社交焦虑并享受生活

第4章
制订一份改变计划

本章将帮助你了解制订一份治疗计划的各种要素。这些要素包括治疗社交焦虑的最佳时机、治疗动机、做出改变的准备、设定治疗目标，尝试了解以往的治疗有效或无效的原因，并且了解你目前的治疗方案。

目前是实施这项计划的最佳时机吗

在某种程度上，你可能总感觉永远没有一个恰当的时机启动一项新的计划。总是会有各种同等重要的事情等着你处理，使你很难找到空闲时间或额外精力去尝试新的东西。你的工作可能非常忙碌，你也可能正处于感冒恢复期，或者你的孩子此时很难搞定。尽管时机可能并不完美，但是考虑到你目前的生活状况，你必须决定你是否有可能开始这项计划。你是否能充分利用本书取决于你对下列问题能否进行肯定回答。

- 你有足够的动力减少自己的羞涩或社交焦虑吗？你真正在乎这件事吗？
- 为了在以后的社交和表现情境中感到更自在，你愿意在短期内承受更大的焦虑吗？
- 至少在某种程度上，你能够把生活中的其他主要问题和压力（如家庭问题或工作压力）先放一边，而专注于学习如何控制社交和表现焦虑吗？
- 你能够每周腾出大量时间来练习本书中介绍的技巧吗？

希望你在仔细思考过这些问题之后，能找到克服社交焦虑的时机。然而，你也可能会认为此时并不是解决这个问题的最佳时机，而宁愿等到你的生活状况发生变化。如果是这样的话,本书依然能帮助你,因为它包含了你随时急需的策略。然而,要做出较大改变,就要经常并持之以恒地运用本书中介绍的技巧。

你准备好改变了吗

专家指出,人们在打算做出行为改变之前,例如戒烟、减肥或改善工作习惯等(Prochaska, DiClemente & Norcross, 1992)会经历五个阶段。我们通常称之为"行为改变的跨理论模式"。这五个阶段包括:

- **前考虑期**。在这个阶段,人们没有意识到自己有问题或无意改变行为,因为他们不愿做出改变,或者他们确信行为改变是不可能的。例如,一个过分肥胖的人坚信"没有什么能让我减肥,我又何必努力呢?"
- **考虑期**。在这个阶段,人们打算很快(如 6 个月后)进行改变。他们不仅意识到了改变的益处,而且也关注行为改变可能付出的代价。例如一个吸烟者考虑在数月后戒烟。
- **决定期**。在这个阶段,人们准备在不久后做出改变(如在下个月)。对于个人来讲,改变的益处比改变的代价更加显而易见。例如,某人为了使自己变得更健康,决定在数周后开始健身。
- **实践期**。在这个阶段,人们开始采取实际措施改变问题行为。例如,感到抑郁的人可能会向医生寻求帮助,治疗抑郁症。
- **维持期**。在这个阶段,人们已经做出了改变,并采取措施防止问题再次发生。例如,一个长期酗酒的人已经戒酒半年,并不再与酗酒者来往。

尽管这个模式主要针对的是努力改变自己健康习惯(如锻炼、饮食、药物滥用和药物依赖)的人,但它也可以应用于对羞涩和社交焦虑的治疗。这五个阶段你进行得越远,就越有可能从本书的策略中受益。例如,如果你处于行动阶段,那么与你处于前考虑期不打算做任何改变相比,你会从本书中受益更多。

当然,这些阶段互相重叠,确定你处于哪个阶段并没有明显的界限。实际上,你可能因社交焦虑的不同方面处于不同的阶段。你可能坚信自己无法约会(前考虑期),也许正在考虑在接下来几个月努力找到一份更好的工作(考虑期)。你也许已经为结交新朋友报名参加了一个夜校班(实践期)。幸运的是,当你在某些方面做出改变时,你也许会发现你也更乐意在其他方面做出改变。

纠结及改变

纠结是改变的正常部分。如果你和我们大多数人一样,可能有一个声音在脑子里告诉你要克服焦虑,另一个声音告诉你维持原样。例如,几乎每个来我们诊所的人都想缓解他们的焦虑,然而,他们中的许多人也害怕治疗。事实上,我们诊所的一项研究发现,许多寻求各种焦虑问题帮助(包括社交焦虑)的人,主要有三个方面的担忧(Rowa et al.,2014):

- 对治疗可能产生的负面看法(如"治疗会使我更焦虑""治疗无效""如果治疗无效,那就意味着我失败了")。
- 治疗可能带来不便(如"治疗会占用太多时间""如果我去治疗,人们可能会发现我的问题""治疗费用太高")。
- 对人际关系可能产生的负面影响(如"如果我的焦虑改善了,人们会对我有更多期待""人们一直在催促我寻求帮助,所以如果我照做了,会没有面子")。

动机和改变专家描述了我们与自己和他人交谈的两种方式,这两种方式可能反映(或影响)我们对改变的准备状态(Miller & Rollnick,2013)。第一种是"维持原样"会话,它代表我们可能还没有做好改变的准备:

- 我现在太忙了,无法处理我的焦虑。
- 害羞没有什么不好,这只是我的一部分。
- 我的焦虑并没那么糟糕。
- 当我有空时,我会处理我的焦虑。
- 我的社交焦虑永远不会改变。

另一种类型的会话被称为"准备改变"会话,它表明我们已经准备好改变了:

- 我的焦虑使我无法做自己真正想做的事情。
- 拥有亲密关系对我很重要,但我的焦虑妨碍了我。
- 进行一场不用担心别人看法的对话将十分美妙。
- 安排时间来改善我的焦虑很重要。

米勒和罗尔尼克(2013)将欲望、能力、原因和需求描述为促成准备改变的四个组成部分。你可以将其缩写为"DARN"辅助记住它们。表4.1是对每个组成部分的描述,以及相关的维持会话和改变会话的示例。

表4.1　改变的四个组成部分示例

组成部分	描述	示例
渴望	想要改变的程度	维持会话 • 我不在乎自己是否能克服自己的社交焦虑 改变会话 • 我在社交情境中将更加自在
能力	相信改变可行	维持会话 • 之前我已经尝试过治疗,不过没什么效果 改变会话 • 我准备好付出努力了
理由	改变的动机	维持会话 • 如果我回避,可以防止恐慌症发作 改变会话 • 如果我的焦虑有所缓解,最终我可以得到自己想要的工作
需求	认为做出改变是紧急或必要的	维持会话 • 比起冒险被他人评价,我宁愿不治疗焦虑症 改变会话 • 我需要能够在公众面前做陈述

提高准备改变的概率,包括增加改变会话和减少维持会话。如果你想改变,并相信自己能够改变,就能找出改变的理由、改变的紧迫感或需要,跟着改变走会更容易。在下一节中,我们将讨论一些改变的利与弊,这可以帮助你解决在社交焦虑方面仍然存在的纠结心理。

克服社交焦虑的代价与益处

对大多数人来说,使用本书中描述的疗法的好处将远远超过你付出的代价。如果你不相信,你可能就不会读这本书了。不过,为了解决你对做出改变的纠结心理,思考一下你改变的原因,以及你不愿改变的原因,可能会有所帮助。我们将从讨论改变的潜在弊端开始。

克服社交焦虑的代价

本节将讨论做出改变的代价。在你阅读本节的过程中,我们想提醒你的是这些可能的代价大多数只是暂时的不便,只有当你努力克服焦虑时才会出现。随着你的焦虑状况得以改善,这些弊端也将逐渐消失。而且,与其把它们看作代价,不如看作挑战,这样对你会更有帮助。毕竟,大多数代价都是可控的,我们通常采取一些可行的解决办法来减轻这些代价所造成的影响。

(1)**药物治疗的代价**。如果你选择药物治疗,那么你必须记住要按时服药,而且新药的费用可能很贵,尤其是不在你的医保范围内的新药。药物可能对你产生副作用。不同的药物可能产生不同的副作用,主要表现在疲劳、头痛、体重和胃口的改变以及性功能的改变。当然,在第 5 章你会了解到,许多由药物引起的副作用在服药的前几周最严重,一段时间过后情况逐渐改善,然后渐渐变得易于控制。药物的副作用也会随着剂量调整、换药或者停药而减轻。

(2)**心理治疗的代价**。心理治疗也需要付出代价,例如面对你害怕的情境。首先,心理治疗耗时长。例如,为了从基于暴露训练的治疗中获益更多,你可能必须每周抽出 3 ~ 5 天,每天练习 1 个小时或更久。其次,心理治疗的费用也很昂贵(尤其是短期),这主要取决于你的医保范围与治疗师的收费。另外,进行暴露练习可能会使你感到焦虑和不适,特别是在治疗初期。虽然这些练习可以量身设计,使你的不适在可控的范围内,但你的畏惧感可能会不时地加剧。除了感到不适,你也可能会感到更疲累,尤其是在不适的情境中训练时。你也可能感到烦躁,甚至可能会做引发焦虑的梦。最后,治疗进展可能会不太顺利。行为的改变可能需要一些时间,并且在某段时间(数天、数周甚至数月)你会感到有所退步。对于许多人来说,这是克服社交焦虑过程的一个正常阶段。然而,如果你继续使用本书中介绍的方法,你的焦虑状况应该会在一段时间以后得到改善。

(3)其他可能的代价。 克服焦虑可能也会对你生活的其他方面产生影响。在大多数情况下,这种影响是积极的,但改变也可能需要付出代价。如果你与某人有长期的社交来往,你也许会发现对方将需要时间来适应你的改变。例如,随着你对社交活动逐步适应,你也许经常会和朋友或同事一同外出。如果你的伙伴已习惯经常与你在一起,他就必须适应你做出的这些改变。在恰当时,有必要与你的伙伴、朋友和家庭成员坦诚讨论你正在做出的改变。这将告诉他们,你非常清楚自身社交焦虑的改善可能会对他们产生什么样的影响。

你还能想出克服社交焦虑、羞涩或与表现有关的恐惧感可能付出的其他代价吗?如果有,请在下面空白处写下来。

_____

_____

_____

克服社交焦虑的益处

幸运的是,克服社交焦虑也有诸多益处。我们在上一节中提到了,克服社交焦虑的代价通常只是短期的不便。另外,改变的益处往往要持久得多。本书给你提出的挑战就是你是否愿意为了获得长期的收益而忍受短期的痛苦。以下是克服羞涩与社交焦虑的一些潜在益处:

- 学会在令人恐惧的社交和表现情境中感觉更自在。
- 结识新朋友。
- 提高你的人际交往质量。
- 学会以更自在的方式在与你工作或事业相关的情境中搭建人际关系网络。

- 在闲暇时间有更多可供选择的事做。

- 提高你的工作期望值（如意识到你有新的晋升机会或是寻求一份高薪职位）。

- 通过继续深造学习，增加自我提升的机会。

- 学会增添生活乐趣。

- 感觉更加自信。

- 提高自我表达能力。

- 学习到解决其他问题的策略（如愤怒、抑郁或陷入一段麻烦的关系等）。

　　根据以上例子，或你所了解的其他情况，你能想出克服社交焦虑带来的益处吗？关注基于你自身的内在价值观和目标所产生的益处（如"我想拥有更亲密的友谊"），而不是基于他人的价值观和目标（如"妈妈想让我结交新朋友"）。当你在找做出改变的自身原因时，以下列出的问题可能对你有所帮助：

- 我希望5年后我的生活会有何不同呢？

- 如果我更适应参与社交活动，那么我生活的哪些方面会变得更好呢？

- 我想成为哪种人？我的社交焦虑是如何在该方面阻碍我的？

- 在社交焦虑成为像现在这样一个大问题之前，我的生活失去了哪些东西呢？

　　在以下空白处写下你做出改变的原因。

_____

_____

_____

　　思考过治疗社交焦虑获得的益处和付出的代价后，你更能做出努力克服恐惧的承诺。如果你想阅读更多有关提高准备改变的概率的策略，我们建议你去读《改变之路》（Zuckoff & Gorscak，2015）。如果你已决定按计划进行改变，本章的其余部分将帮助你找到最适合你个人需求的策略。

设定改变的目标

如果不设定具体的目标,你就无法评估你是否在朝希望的方向改变。目标有以下几种意义。第一,目标可以反映你想做出的短期或长期改变。例如,如果你害怕在公开场合讲话,那么可行的一周目标就可以设定为:不管你感到有多么焦虑,你都要在工作会议上提一个问题。一个半年目标可以设定为:当你做半小时口头陈述时,不要感到过分焦虑。第二,在克服社交焦虑的过程中,确定短期目标(如本周你想实现什么目标)、中期目标(如在今后几个月你想实现什么目标)和长期目标(如明年或后年你想实现什么目标)至关重要。

目标可以分为具体目标和总体目标。具体目标比总体目标要详细得多。因此,与总体目标相比,具体目标通常能更好地指导你选择恰当的治疗策略。而且,有了具体目标,你也更容易权衡目标是否能够实现。虽然你可以设定若干总体目标,但你也应该试着设定尽可能多的具体目标。表4.2 提供了总体目标和具体目标的例子。

表4.2　设定改变的目标示例

总体目标	具体目标
做口头陈述时感觉更自如	在每周的销售会议上做陈述时畏惧等级从100%降到40%
选个日子与某人约会	在本月月底邀请约翰与我共进晚餐
认识更多朋友	在年底前至少认识三个新朋友,我可以和他们一起看电影或观看体育比赛
在人群中感觉更自在	能够在拥挤的商场里或大街上穿行,把畏惧等级降到30%或40%以下
更好地应对批评	能够容忍关于我的年度工作业绩评估的负面反馈而不会感到心烦,同时关注过去一年工作中所取得的成绩
在课堂上提问	在本学期余下的每堂课上至少提一个问题
更好地处理群体关系	在派对上能够自如闲谈且保持目光接触,大声讲话从而让他人听见
在社交媒体上更活跃	加入脸书,每周至少发布一条动态

现在,思考一下你想做出哪种改变。特别是思考你想要改变社交焦虑的哪些方面(包括焦虑想法、你逃避的情境等)。尽量注重实际,而且要认识到你的目标可能会发生变化。例如,目前你可能不必在日常生活中做口头陈述。然而,如果你有了一份需要做公开演讲的工作,你可能会对你的目标稍做修改,以反映这种情况的改变。

你可以在以下空白处填写从现在起至下一个月的目标和未来一年的目标。当然,如果你愿意,你还可以设定其他时段的目标。需要记住的是你可能有不同的短期和长期目标。尽管有些目标在未来一年或两年内可以实现,但要在未来一周或一个月内实现是不现实的。

一个月目标

1. _____

2. _____

3. _____

4. _____

5. _____

6. _____

7. _____

8. _____

9. _____

10. _____

一年目标

1. _____

2. _____

3. _____

4. _____

5. _____

6. _____

7. _____

8. _____

9. _____

回顾你尝试过的社交焦虑疗法

本节有两个目的。首先,如果你过去已经尝试过克服社交焦虑,那么本节将会帮助你回顾那些有用和不太有用的方法。其次,如果你以前克服社交焦虑的尝试对你不起作用,那么本书将有助于你找出不起作用的可能原因。了解过以往成功与不太成功的治疗原因后,你就能为目前要尝试哪种策略做出更加成熟的决定。如果过去有一种治疗发挥了良好的作用,你也许想再次尝试。而如果你并未受益于以往的某次治疗,那么你可能想尝试新的治疗策略。然而,如果你在初次尝试某种治疗时并不抱太大的希望,那么你仍然应该考虑再一次尝试这种治疗。

在表4.3中勾出你以往尝试过的治疗策略,并在空白处记录以前的治疗方法及其疗效。

表4.3　以往的治疗记录

选项	治疗策略
是　否	**药物治疗** 　如果选择是,请列出药品名称、治疗时间和每次服药的最大剂量,并且描述你服药过程中产生的副作用,是否每次服药都有疗效,记下你是否按规定服药。 _____ _____ _____ _____
是　否	**暴露于令人恐惧的情境中** 　如果选择是,描述一下治疗情况(包括暴露的频率、治疗时间、练习的情境类型和疗效)。 _____ _____ _____ _____

选项	治疗策略
是　否	**认知疗法** （这种疗法旨在教授患者改变焦虑思维的策略,并且通常要求完成思维记录表）如果选择是,请描述一下治疗情况(包括治疗疗程和疗效)。 _____ _____ _____ _____
是　否	**正念和基于接纳的疗法** （如正念冥想）如果选择是,描述治疗或课程内容,包括治疗疗程和疗效。 _____ _____ _____ _____
是　否	**交流技巧训练** （这种疗法包括自信心训练、公开演讲或者交际课程）如果选择是,描述一下治疗策略情况或课程内容(包括治疗疗程和疗效)。 _____ _____ _____ _____
是　否	**领悟取向疗法** （这种疗法关注早期的童年经历,并帮助患者理解某一问题背后的深层原因）如果选择是,描述一下治疗情况(包括治疗疗程和疗效)。 _____ _____ _____ _____

选项	治疗策略
是　否	**支持疗法** （在该非结构化的疗法中,患者需要描述过去一周的经历,然后治疗师就过去几周出现的问题提供支持和建议）如果选择是,描述一下治疗情况(包括治疗疗程和疗效)。 ＿＿＿＿＿＿＿＿＿＿ ＿＿＿＿＿＿＿＿＿＿ ＿＿＿＿＿＿＿＿＿＿
是　否	**自助书籍** 如果选择是,描述一下治疗情况(例如,你看过什么书? 该书推荐了什么治疗方式? 对你有用吗)。 ＿＿＿＿＿＿＿＿＿＿ ＿＿＿＿＿＿＿＿＿＿ ＿＿＿＿＿＿＿＿＿＿

既然你已辨认出以往尝试过的具体治疗方法并亲身实践过,那么接下来你将要搞清楚为什么某种疗法无效或者只有部分疗效。下面为你列出了一些心理治疗和药物治疗有时候不起作用的原因。

为什么心理疗法有时候不起作用

- 采用的疗法对社交焦虑无效。很多心理疗法在治疗社交焦虑方面的作用并未得到科学研究的证实,而有的心理疗法的作用微乎其微(认知行为疗法是研究最多的,其疗效是最有实证支持的)。
- 治疗师对所提供的疗法毫无经验,或者不擅长治疗羞涩和社交焦虑。
- 暴露训练实施的频率和强度太低。如果暴露于社交情境的频率过低,那么治疗不太可能达到理想效果。

- 治疗时间不够持久。例如,在疗效出现之前放弃治疗则不可能从中受益。

- 个人认为治疗无用。有证据表明患者的期望会影响心理治疗的效果(Safren, Heimberg & Juster, 1997)。

- 个人不配合治疗。如果在治疗过程中无故缺席、迟到或者不完成作业,那么治疗就可能没有效果。

- 个人生活中的其他问题或压力干扰治疗效果(如严重的抑郁症、酒精滥用、压力大的工作、婚姻问题和健康问题)。

为什么药物疗法有时候不起作用

- 错误用药会导致无效。有些药物比其他药物更能有效地治疗社交焦虑(见第 5 章)。另外,对某一个人起作用的药物不一定是其他人的最佳选择。

- 药物剂量不够。

- 治疗时间不够持久。某些药物要服用 6 周后才能见效,而且太早停药会导致焦虑症状反弹。

- 个人认为药物治疗是不起作用的。这和心理疗法一样,有证据表明一个人的期望程度常会影响药物对他的疗效。例如,一项研究发现,相信生物因素(如遗传)比心理因素(如家庭因素、学习)更能引起他们焦虑的人,更容易对药物产生不良反应(Cohen et al.,2015)。

- 药物的副作用令人难以忍受。

- 个人吸毒、酗酒或者服用其他与社交焦虑药产生相互作用的药物。

- 个人不配合治疗(如忘记服药)。

如果你尝试过克服社交焦虑,但发现治疗毫无效果或只有部分效果,那么你认为没有产生预期治疗效果的原因是什么? 基于你以往的治疗或者用药,你想再次尝试哪些策略呢?

哪些策略是你绝对不会再尝试的？

_____

_____

_____

克服社交焦虑的实证策略

人们已使用了上百种方法来克服情绪、行为问题和坏习惯。其中一些方法包括心理疗法、药物疗法、祷告、放松训练、瑜伽、催眠、转移注意力、饮酒或服药、锻炼、调整饮食、奖惩、草药、传统治疗、针灸、学习（如阅读相关的问题）、前事回溯治疗等。而且，每一种方法甚至可以进行更细的分类。例如，心理治疗和药物治疗有许多不同的类型，对某一特定问题，其中某些疗法比另一些更有效。考虑到所有这些不同治疗的选择，患者很难从中选择一个最佳治疗方案。

对于以上所列出的大多数疗法而言，对总体上治疗焦虑，特别是治疗社交焦虑的作用几乎没有做过任何对照研究。"对照研究"这个术语用于描述当研究者已经检测到某一特定疗法的效果，而设法确保病情的改善是由治疗本身，而非其他因素引起的所做的研究。值得注意的是，缺少对照研究并不意味着某个特定疗法无效，仅仅只能表明我们不知道这种疗法是否会起作用或会起多大作用。

即使有人在接受某种治疗后似乎有所改善，但我们也很难知道是该疗法发挥了作用还是其他因素引起了改变。例如，我们前面提到过，在治疗过程中，患者对病情改善的期望程度会影响治疗效果。人们在接受了某种特定治疗后，病情改善的其他一些原因可能也包括时间的推移。对于某些问题来说（如抑郁症），无论患者是否接受了特定的治疗，一段时间过后症状也许都会自然改善。某人日常生活的改变（如工作压力减轻）也会使情况有所改善，并且其作用可能超过以上任意一种疗法。

通过适当的对照研究，就能确定疗效来自治疗本身还是其他因素。研究者通常采用的策略就是增加一个对照组。例如，为了检验药物对某一特定问题的疗效，研究者常常给部分研究对象分发安慰剂，而这种安慰剂并不含有药物活性成分。这一组被称为安慰剂对照组。

通常在研究结束之前,无论是医生还是病人都不知道患者服用的是安慰剂还是真正的药物。

药物是否有帮助取决于服用药物的人与服用安慰剂的人相比反应如何。增加安慰剂对照组可以使研究人员不考虑个人对治疗的预期,而直接测量药物效果。为检验心理治疗的效果而进行的研究,也包括相应的对照控制组,这样有利于理解某种特定疗法可能发挥作用的原因。

在本书中,我们关注的是经过对照研究,证明能有效帮助人们克服社交焦虑、羞涩和与表现有关的恐惧感的技巧。换句话说,与不进行治疗、安慰剂治疗、其他形式的心理治疗,或者其他干预措施相比,这些方法的有效性是经过研究证实的。我们主要关注三类方法:认知行为疗法、正念和接纳疗法以及药物疗法。

认知行为疗法

认知行为疗法,简称 CBT,包含了一组通常可以作为一个整体使用的技巧。许多研究表明 CBT 是一种克服社交焦虑的有效疗法(请查阅 Antony & Rowa 2008;Weeks, 2004)。认知行为疗法与其他更传统的疗法不同,主要表现在以下几个方面:

- CBT 是指导性的。换句话说,治疗师要积极参与治疗,并且要提出具体的建议。
- CBT 的重点是改变某一特定的问题行为。其他的某些疗法主要是帮助个人深入发掘和了解问题的根源,而不提供解决问题的具体建议。
- CBT 的疗程相对较短。社交焦虑治疗的课程通常只有 10 ~ 20 节。
- CBT 关注的是患者目前被认为是问题根源的观念和行为。一些传统的治疗师往往更关注患者童年的经历。
- 在 CBT 中,治疗师和病人是搭档,他们在整个治疗过程中通力合作。
- 在 CBT 中,患者设定治疗的目标,治疗师则帮助病人达到目标。
- CBT 通常包括用于评估进展的策略,以便调整治疗技巧,实现最佳疗效。

技术的进步给 CBT 提供了新疗法。例如,一些研究(P. L. Anderson et al. , 2013;Bouchard et al. ,2017)发现,使用虚拟现实的暴露训练治疗社交焦虑很有用(这些治疗将在第

7 章中讨论）。此外，新兴的研究（Andersson，Carbring & Furmark，2014）提倡使用网络 CBT 治疗与焦虑相关的症状，包括社交焦虑。虽然这些方法并不比传统形式的 CBT 更有效，但它们增加了治疗焦虑及其相关问题的策略选择范围。用于治疗社交焦虑的 CBT 主要包括三种类型的疗法：认知疗法和对恐惧情境的暴露疗法，此外，有时还包括社交技能训练。

认知疗法

认知是指与假设、信念、预测、解释、视觉表象、记忆和与思维有关的其他心理过程。认知疗法的基本假设是：当人们以一种消极的或带威胁的方式对自己所处的情境进行解释时，消极情绪就会产生。例如，如果一个人确信他人将以一种消极的方式评价自己或者过分在意他人对自己的看法，那么这种人必定会在某种社交情境中感到焦虑或不自在。认知疗法就是教会人们更加意识到自己的消极思想，并以不太消极的思想取而代之。人们将学会把自己的信念当作对事物发展所进行的猜测，而非事实。他们不仅要学会分析导致焦虑想法的原因，而且要学会换一种方式进行思考。

例如，如果亨利因为朋友没有回电话而感到伤心、生气，那么这些负面情绪可能源于亨利认为朋友不在乎他。在认知疗法中，治疗师会教亨利去思考对朋友行为的替代性解释，如朋友可能从未收到消息，忘记回电或出远门。毕竟，一位知心朋友无法迅速回亨利电话的原因有很多。

在治疗初期，患者通过写日记来记录焦虑的想法，这样就能更切合实际地预测和解释这些想法了。当人们因改变了自己不切实际的消极想法而感觉更自在时，他们就自然地形成了新的思考方式，而且再也不需要写日记了。人们要学会在失控之前控制住自己的焦虑想法。认知疗法的技巧在第 6 章有详细介绍。

暴露疗法

暴露疗法是指人们逐步地、频繁地面对令他们感到恐惧的情境，直到他们不再产生恐惧。在大多数情况下，暴露治疗被看作认知行为疗法一个必要的组成部分。实际上，作为一种改变焦虑和消极思想的疗法，暴露疗法也许比认知疗法更有效。通过把自己暴露在令你感到恐惧的情境中,你将意识到在这种情境中的危险是最小的。通过自己的亲身体验,许多与焦虑相关的预期与想法将被证明是不正确的。你也将学会更好地容忍某些情境,尽管其中你的一些想法实际上也许是真实的(如当另一个人确实对你进行消极评价时)。最后,暴露疗法将给你提供机会练习认知疗法技巧,同时也能提高由于长期回避社交情境而变得生疏的社交或交际技巧。第7章到第8章将对暴露训练的设计和实施做详细介绍。

社交技能训练

社交技能训练是指改善你的社交行为,并提高你的社交技能的一种学习过程,从而让你更有可能获得他人的积极回应。值得注意的是,大多数社交焦虑患者的社交技能比他们想象的更好。实际上,正式的社交技能训练通常不包含在 CBT 范围内,患者通常在 CBT 中反应良好。尽管如此,有证据表明有些人因学习新的社交技巧而变得更加自信,能更有效地与他人攀谈、目光接触情况有所改善,同时也学会了邀约或结识新朋友的基本技能。第 10 章详细描述了提高社交与交流技能的策略。

正念与接纳疗法

正念训练是指教会人们专注于当前的内在体验(包括想法、意象、情绪和直觉),不评价或试图控制它们。正念训练经常包含药物治疗,但也可能包括其他疗法。接纳承诺疗法(ACT)(Hayes, Strosahl & Wilson, 2012)是一种包括正念训练在内的心理疗法。该疗法除了教会人们接纳自己的体验,而非试图抑制、抗争或改变这些体验,还鼓励接受 ACT 治疗的患者做出承诺,要过一种符合他们自己价值观和目标的生活,这通常涉及行为改变。

越来越多的实证支持使用接纳疗法治疗包括社交焦虑症在内的各种焦虑症(例如,Goldin et al. , 2016; Kocovski et al. , 2013; Norton et al. , 2015),因为该种疗法与 CBT 有类似的疗效。尽管 ACT 和其他接纳疗法有时被当作 CBT 的替代方案,但它们实际上与 CBT 有很多重叠之处。例如,接纳疗法和 CBT 都涉及有目的地面对令人恐惧的场景,其中包括暴露疗法。我们认为正念和接纳是与 CBT 互补的策略,所以我们就这些疗法新添加了一章内容(第9章)。

药物疗法

研究显示许多药物都能有效治疗社交恐惧症（Schneier et al., 2014）。这些药物主要包括某些治疗焦虑症的抗抑郁药物，例如，帕罗西汀和文拉法辛，以及某些抗焦虑药物，例如，氯硝西泮。也有新的研究支持使用一些其他药物，如抗惊厥药物。通常情况下，患者需要每天服药。每种药物都会产生不同程度的副作用。然而，对于大多数人来说，这些副作用是很容易控制的，并且大多数副作用往往随着时间逐渐减弱。药物治疗将在第 5 章讨论。

其他疗法

少数研究检验了其他治疗社交焦虑症的方法，如放松训练（Clark et al., 2006；Jerremalm, Johansson & Öst, 1980）、人际关系疗法（Stangier et al., 2011）、精神动力学心理治疗（Bögels et al., 2014；Leichsenring et al., 2013）、营养补充剂（Hudson, Hudson & MacKenzie, 2007；Kobak et al., 2005）和有氧运动（Jazaieri et al., 2012）。尽管其中一些疗法很有前景，但目前还没有足够的证据证明这些疗法优于之前成熟的疗法。

选择治疗方案

如果你决定尝试药物疗法，你可能需要获得医生的处方——通常从你的家庭医生或者精神科医生那里获得。如果你有兴趣尝试心理治疗，如 CBT，你可以选择是自己设法克服问题（如使用自助书籍）还是寻求心理咨询师的帮助。

自助还是专业帮助

对于大多数人来说，本书中介绍的一种自助方法可能就足够了。实际上，由阿伯拉莫维茨及其同事（Abramowitz et al., 2009）进行的一项研究发现，即使没有进行任何额外的治疗，通过阅读本书初版，大多数人的社交焦虑症状都明显减轻。然而，对于其他人来说，只靠一本自助书籍还是不够的,并且很多人发现由治疗师提供的补充性治疗结构和支持也很重要。如果你决定寻求专业医生的帮助,那么本书仍会帮助你强化你在治疗中的益处。CBT 的一个重要部分包括对患者进行教导(通常使用自助阅读的方式),并且鼓励患者在治疗间隙练习各种 CBT 技巧。换句话说,治疗师所进行的 CBT 通常包括一个自助治疗的部分。一本自助书籍与治疗相结合可能会缩短你的疗程(Rapee et al. , 2007)。最后,记住自助治疗包括多种形式,例如,除了书籍,还包括一些线上治疗,以及移动应用程序治疗。

选择认知行为疗法还是其他心理疗法

几乎在所有情况下,我们都会建议用认知疗法和暴露疗法相结合的方法治疗社交焦虑症。大量证据支持采用社交技能训练(尤其是与认知疗法和暴露疗法相结合)、正念与接纳疗法。尽管其他心理疗法肯定对某些心理疾病有一定的疗效,但它们对治疗社交焦虑症是否有效还没有得到足够的证明。

据报道,我们治疗的某些患者已从结合了 CBT 与另一种形式的心理治疗的疗法中受益。在这些案例中,通常一个治疗师使用 CBT 疗法,而另一个治疗师则处理其他问题(如婚姻问题、儿童期受虐)。虽然这种方法有时候非常奏效,但我们建议这两个治疗师应该密切配合,以确保他们在治疗过程中不会为患者带来矛盾的信息。

选择药物疗法还是 CBT

许多研究已经研究过是采用 CBT 或药物疗法,还是采用两者相结合的疗法最有效(Antony and Rowa, 2008)。尽管研究结果各不相同,但从总体上看,这三种方法的疗效至少在短期内相同。例如,到目前为止所进行的一次最大规模的研究表明,CBT 疗法、氟西汀(一种抗抑郁药)和二者相结合的疗法几乎同等奏效,而且这三种疗法都比安慰剂更有效(Davidson et al. ,2004)。

虽然这些疗法在短期内的疗效几乎相同,但从长期来看,CBT 往往比药物更有效(Liebowitz et al. ,1999)。换句话说,一旦停止所有治疗,仅仅靠药物治疗的患者比接受 CBT 治疗的患者更有可能出现症状反弹的情况。

另外,这三种方法在一般情况下几乎同等奏效,并不意味着它们对你来说同样有效。某些人似乎更适合药物治疗,而对于有的人来说,CBT治疗或这两者相结合的治疗最有效。我们通常建议采用的方法就是以CBT或药物疗法开始,如果有必要,则在数月后再引入其他疗法。

团体治疗还是个体治疗

认知行为疗法可以针对个体也可以针对团体,而且基于现有研究(Barkowski et al., 2016),这两种治疗方法都很有效。无论你选择哪种疗法,你都应该了解每种疗法的利与弊。团体治疗使患者有机会认识其他有相同问题的人,这样患者既可以从其他人的失败和成功中吸取教训,总结经验,也能意识到自己并不是唯一患此病的人。团体治疗也能让患者有机会接触可以参与暴露训练和角色扮演练习的其他人。例如,团体治疗的成员可以在演讲暴露训练中充当观众。

费用低是团体治疗的另一个优点。因为病人与其他人共享治疗师的时间,每次治疗的费用通常低于单独治疗的费用。如果你决定参加社交焦虑的团体治疗,我们建议你找一个重点关注焦虑问题,最好是社交焦虑的团体(而不是包含不同问题的人的团体)。你最有可能在社交焦虑症专科诊所找到一个专门针对社交焦虑进行治疗的团体。

个体治疗也有优点。首先,它没有团体治疗那么可怕,尤其是在最初阶段。你可以想象一下,虽然某人在众人面前发言会感到焦虑,而这种焦虑通常在几周后逐渐减弱,但患社交焦虑症的人却往往害怕进行团体治疗。而且,如果你参与个体治疗,就不必和其他组员共享治疗时间。另外,因为有更多时间针对个人,那么治疗方案就是为满足你的个人需要而量身定制的。个体治疗在疗程安排方面也有优势。如果你由于生病或休假而错过了一次治疗,你通常只需要重新预约一次个人治疗。相反,如果你错过了一次团体治疗,要想赶上进度的话可能就更困难了。

选择团体治疗还是个体治疗应该取决于你对以上所有因素的仔细权衡。不过,请记住,你可能别无选择。尽管CBT疗法越来越普遍,但在某些地方,无论是采用团体还是个体模式,都不提供这种疗法。我们想强调一下,在选择治疗方法时,最重要的一点是找到一名有使用CBT治疗社交焦虑经验的治疗师。既然团体治疗与个体治疗都很奏效,那么你到底选择哪一种疗法应该是一个次要问题了。

定期练习的重要性

虽然仅仅靠阅读关于克服社交焦虑症的书籍就可能有所帮助,但要极大地改善你的社交焦虑状况,你需要践行本书中介绍的技巧。例如,如果你完成了监测进度表和日记,并且经常利用各种机会挑战你的焦虑观念,那么你将从第6章介绍的认知技巧中获益更多。

为了从暴露训练中得到最大获益,你应该尽可能地经常亲临令你感到焦虑的情境,直到你的焦虑感减轻,或是发现你所担心的后果不会发生时才离开,这非常重要。许多暴露练习可以在你日常生活中进行(如与同事共进午餐,而不是自己一个人吃饭),但有的练习也可能要求你专门腾出时间进行暴露训练。

找一位帮手

在治疗过程中,找到一位帮手(如朋友、同事或者家庭成员)将很有帮助。帮手的参与可以使你有机会练习角色扮演,例如,口头陈述、模拟面试、闲谈,或与某人约会。而且,他能够对你的表现做出真诚的反馈,并提供改进的建议。

当选择其他人来辅助你治疗时,我们建议你选择信任的人。这个人应该能够支持你,并且他不会因为事情进展缓慢,或者你处于某个特定的困境或焦虑的情境中时变得沮丧或愤怒。如果有可能的话,你的帮手应该阅读本书中的一些相关章节,这样他能更好地了解这项治疗和治疗的进展情况。如果你的帮手不能阅读本书,你就需要向他描述他在练习过程中应该扮演的角色。

对其他问题的处理

许多患社交焦虑症的人也存在其他一些问题,包括焦虑症、抑郁症、酒精或药物滥用、人际关系障碍等。在大多数情况下,这些问题往往不会干扰社交焦虑的治疗。然而,如果你目前正患羞涩以外的其他病症,那么你应该思考两个问题。第一,社交焦虑症是你目前必须解决的最重要问题吗？如果不是,你可能应该重点解决对你生活造成最大困扰的问题。例如,如果你的抑郁症比社交焦虑问题更严重,那么你应该首先解决抑郁问题,当抑郁症得到控制后,再针对社交焦虑问题进行治疗。第二,其他问题是否严重到会妨碍你对社交焦虑的治疗呢？如果是,你应该首先处理其他更严重的问题。例如,如果你经常饮酒,以致不能坚持进行本书中的练习,那么在治疗社交焦虑之前致力于解决好饮酒问题将非常明智。

寻求专业帮助

如果你有意愿寻求专业帮助来治疗社交焦虑,那么你需要记住以下建议。

如何寻找专业治疗师或者医生

寻找一名治疗师或者医生最困难的地方在于不知道去哪里找。你可以从你的家庭医生入手,他很可能了解你所在地区的精神科医生、心理医生和治疗焦虑的专科诊所。你也可以给附近的医院和诊所打电话,询问他们能否为社交焦虑提供 CBT 或药物治疗。互联网这一重要信息来源能帮助你寻找你所在地区的相关焦虑症治疗服务。你还可以找你的保险公司核实一下有关条例,看心理治疗是否属于保险范围。你的保险可能会对你能看哪个医生或疗程有所限制。

要寻求专业帮助,还可以联系一家主要治疗焦虑症或主要应用 CBT 的组织。例如,美国焦虑抑郁症协会提供了美国及加拿大范围内,关于选择治疗方法和自助团体治疗方面的信息(美国焦虑症协会包含了消费型和专业型会员)。行为和认知疗法协会是一个专业性的组织,它提供了治疗焦虑症问题的从医人员方面的有关信息。加拿大的一个类似组织是加拿大认知和行为疗法协会。你也可以与你所在州的心理或精神治疗协会联系,以获得你所在地区的心理专家和精神科医生的有关信息。

在选择专业治疗师时,别害怕提问题。在选定治疗方案之前,你应该弄清楚以下问题：

● 所提供的治疗类型。例如,如果你对心理治疗感兴趣,你应该了解提供治疗的医师是否在使用 CBT 治疗社交和表现焦虑方面经验丰富。

- 治疗病症的疗程。在进行全面评估之前往往很难知道需要的疗程。在多数情况下，10～20 次就足够了。

- 每次治疗的持续时间。尽管有时候暴露训练需要花更长的时间，但一次治疗通常持续一个小时。通常团体治疗需要花更长的时间(如大约两个小时)。

- 治疗的频率。一般的治疗只需要每周一次。

- 每次治疗的费用和首选的付费方式。付费方式灵活吗？

- 治疗的地点和场景。例如，进行治疗的地点是在私人办公室、医院、大学诊所、社区诊所，还是研究中心？

- 能提供团体治疗还是个体治疗？两种治疗方法可能对你都有帮助。

- 谁提供治疗？心理学专家？精神科医生？社工？心理学专业的学生？此人经验如何？他在哪里接受的培训？如果是一名学生治疗师，他得到过多大程度的督导？督导师的经验如何？如果愿意，你可以与督导师见面吗？

专业人员的类型

如果你有兴趣接受像 CBT 之类的心理治疗，那么你的治疗师可能是心理学专家、内科医生、护士、社工或是其他领域的专家。但要记住的是，许多临床医生，不论背景如何，在运用 CBT 治疗与焦虑有关的病症方面都没有丰富的经验。你应该寻找一位能熟练运用认知疗法和暴露疗法来治疗社交焦虑的医生，这比医生的资历重要得多。目前，在这方面最专业的人可能是心理学专家，但是越来越多其他方面的专家也在为提供 CBT 治疗接受培训。

了解不同治疗师之间的差异往往令人头疼。因此，我们将简要介绍一些经常提供 CBT 和相关疗法的主要从业人员。

（1）心理学专家。在大多数地方，专门治疗心理疾病的心理医生通常是临床心理学或咨询心理学方向的博士。虽然他们是心理学博士(指他们接受过提供临床服务方面的基本训练，并且相对来说不太重视研究)或教育学博士(指他们受过教育心理学方面的训练)，但是他们通常也是哲学博士(就是说他们受过医学研究和临床护理方面的重要训练)。一个心理医生的培训学习通常包括本科学士学位(4 年)，接着是 5～8 年的研究生培训。在一些州和省，拥有硕士学位的心理治疗师(通常有两年的研究生学历)也可以被称为心理医生，然而在其他地方,硕士学位的临床医生也有其他称呼(如心理学助理、心理治疗师、心理测量专家)。

(2)**精神科医生。**精神科医生是从四年制医学院毕业后专门从事心理健康问题治疗的内科医生。该专业的培训通常包括为期 5 年的住院医师培训,还可能包括专科医师培训。尽管越来越多的精神科医生培训方案要求涵盖 CBT 方面的培训,但是与其他医学从业人员相比,精神科医生更容易从生物学角度来理解和治疗焦虑方面的疾病。而且,与其他从业人员相比,由精神科医生治疗的优势在于,除了其他疗法,患者有机会采用药物疗法,而且唯有精神科医生有资格确定可能导致患者病症的原因。

(3)**社工。**社工接受培训后可以做很多事情,包括帮助人们更好地处理人际关系,解决他们的个人问题和家庭矛盾,也可以帮人们更好地应对日常压力。他们可以帮助人们解决各方面的压力问题,例如,住房不足、失业、缺乏工作技能、经济压力、疾病或残疾、药物滥用、意外怀孕或其他困难。大多数社工很专业,有些在私人机构从业,有些在医院或代理机构专门提供心理诊疗。虽然 CBT 很少包括在社工培训计划内,但有些社工在正规学校接受教育之后又接受了 CBT 方面的专业培训。

(4)**其他专业人士。**来自其他群体的专业人员可能接受过 CBT 或其他形式的心理疗法的培训,如某些家庭医生、护士、职业医师、牧师或其他宗教人员,甚至也可能是未获得心理健康相关专业的正式学位的心理治疗师。正如前面所述,你应该了解你寻找的这个医生是否有经验,他是否能专业地运用有效策略治疗社交焦虑,这比了解这个人是护士、家庭医生、心理学专家、精神科医生、职业医师、社工,还是这些相关领域的学生更重要。

治疗社交焦虑的最后几个问题

以下是另外几个常见问题及其回答。

(1)**治疗需要持续多长时间?** 如前面所述,采用认知行为疗法治疗社交和表现焦虑通常要持续 10～20 次治疗。有的患者仅仅接受了 3～4 次治疗后就有明显的改善,尤其当他的恐惧心理不严重时。在其他情况下,治疗可能持续数月甚至数年。如果你正在接受药物治疗(特别是抗抑郁药物),那么我们通常建议你在接受药物治疗半年到一年或是更长时间以后再逐渐减少剂量,并最终停止服药。如果症状反弹,你也许有必要重新考虑药物治疗或尝试另一种不同形式的治疗。

（2）**治疗效果持久吗？** 正如我们前面讨论的，尽管你在接受 CBT 治疗时可能偶尔会经历痛苦的阶段，但 CBT 的治疗效果往往要相对持久些。相反，突然停止药物治疗更可能导致焦虑症状反弹。在某种程度上，通过较长时间的持续服药（逐渐减少剂量，服用"维持"剂量）并且逐渐停药，就能防止这种情况发生。而且，正如第 5 章所述，停止服用某特定药物比停止服用其他药物更容易导致症状反弹。你最好能先与你的处方医生讨论减少或停止用药的情况，再改变你服药的剂量。

（3）**能完全"治愈"吗？** 有小部分患严重社交焦虑症的患者有可能达到不再产生任何社交焦虑的情况。同样地，无论是 CBT 还是药物治疗对小部分患者而言都没有任何疗效。然而，对于大多数人来说，治疗结果往往介于这两种极端之间。期望恰当的治疗可以极大地减轻你的社交焦虑、逃避行为和日常生活的糟糕状况，这非常切合实际。然而，某些情境至少在一定程度上可能仍然会导致焦虑。如果你还记得大多数人都会时不时地患有社交和表现焦虑症，那么这个结果看起来不算太差。

（4）**如果你不喜欢你的治疗师或医生，怎么办？** 希望在短短几周的治疗后情况有所好转，虽然这并不太现实，但是在一两次会面后你就能知道自己是否能和该治疗师或医生合作愉快。如果你对治疗的进展情况感到不满意，可以考虑尝试和其他医生合作。无论你采用 CBT 还是药物疗法，在治疗开始后的 6 ~ 8 周，你应该能够看到变化。如果在两个月的治疗后还没有任何成效，你应该向你的医生或治疗师询问治疗没有进展的可能原因，并且考虑尝试其他的疗法。

评估治疗过程中的改变

在第 3 章中，我们强调了密切监控整个治疗计划进展的重要性。我们建议你定期（每隔几周）观察你的治疗进展情况，包括思考你已经做出了什么样的改变和有待实现什么样的改变。你可以根据你的进展情况修改你的治疗计划。你也可以更新你的治疗目标。我们建议你不定期地完成第 3 章中的某些表格以评估你的社交焦虑是否正在改善。

制订一个全面的治疗计划

在第 1 章和第 2 章,你了解了社交焦虑的本质和原因。在第 3 章你完成了一个关于你自己焦虑症状的全面评估。然后,当你回顾了以前所尝试的治疗,制订了治疗目标后,你又继续按照本章内容进行自我评估。目前你正准备制订治疗计划。现在你应该非常清楚自己需要解决哪方面的问题,以及是靠自己、专业治疗师还是医生的帮助来克服社交焦虑。

如果你想尝试药物治疗,我们建议你接下来阅读第 5 章。第 5 章介绍了各种治疗社交和表现焦虑的药品,这些药品都显示了良好的疗效。如果你有兴趣尝试认知行为疗法,我们建议你制订一份未来几个月的治疗计划。怎样制订此计划可参见以下示例:

- 下周开始阅读第 6 章,并且努力改变消极思维模式。第 6 章会告诉你每周应该完成几篇日记,以及许多行之有效的认知策略。
- 接下来的 2 ~ 3 周继续练习认知策略。
- 当你准备进行暴露训练时,开始阅读第 7 章和第 8 章。这两章将帮助你针对自己的恐惧和回避行为设计暴露训练计划,推荐训练时长为 5 ~ 6 周。
- 当你进行暴露训练时,你应该继续练习使用在第 6 章学到的认知策略。通过使用这些认知策略,再配合对恐惧情境的暴露训练,你会发现自己的恐惧感开始减轻。
- 对恐惧情境进行的暴露训练持续 5 ~ 6 周后,开始阅读第 9 章,学习正念与接纳疗法。与此同时,你应该继续练习前几章介绍的认知策略和暴露训练。如果你在治疗计划前期提前阅读了第 9 章(比如,在开始暴露训练之前),也没什么问题。
- 如果你想提高某些社交技巧,那么是时候使用第 10 章所介绍的练习了。而且,我们建议你不要放弃使用之前所学的技巧。
- 这样的话,几个月过去了,你的焦虑症状将可能有极大的改善。我们建议你在这个时候阅读第 11 章,它将向你介绍如何保持你目前所取得的进步。

如果你很好奇而想马上阅读本书后面的章节,那也没问题。但重要的是你应该先返回来练习前面各章的策略,然后再练习后面章节的技巧。这些策略是最终改善你的社交焦虑症的根本。

　　读完本章之后，你应该弄清楚许多问题了。首先，你应该更清楚目前是不是你克服社交焦虑的最佳时机。其次，你应该已制订一系列治疗目标，包括短期目标和长期目标。最后，你已经考虑过各种治疗方案，并找到了你最喜欢的。本书剩下的章节为你详细介绍了怎样利用特定的策略循序渐进地控制社交焦虑。

第 5 章
社交焦虑及社交焦虑症的药物疗法

如前所述,大量研究表明治疗社交焦虑有两种方法,即药物疗法和认知行为疗法。第 4 章主要介绍了决定是否使用药物疗法时需要考虑的主要因素。研究表明,药物疗法和 CBT 在短期内治疗社交焦虑的效果近乎相同。即便如此,这两种疗法均有利弊。

与 CBT 相比,药物疗法的好处

- 药物疗法通常更容易获取。任何内科医生(如家庭医生或精神科医生)都可以开处方,护士从业者和一些特定医疗保健专业人员也可以开处方;与之相较,接受过 CBT 专业培训的治疗师可能更难找到(注:在本章中,"医生"和"内科医生"均指可开处方的专业人员)。
- 药物疗法通常比 CBT 疗法见效更快。例如,抗焦虑药物可以在一小时内明显改善焦虑症状,而抗抑郁药物在短短 2~4 周便能产生显著的效果。然而,如果采用 CBT 治疗,通常需几周到几个月才能看到显著变化。
- 药物疗法在短期内花费不多。一旦找到稳定剂量,就无须经常去看医生了。这个时候唯一的开销就是药物本身。相比之下,若采用 CBT 疗法,则需要在整个治疗过程中定期去看治疗师。治疗费用也会很高,如果你的医疗保险覆盖范围有限的话,更是如此。

与 CBT 相比,药物疗法的弊端

- 与采用 CBT 相比,焦虑症状在停止药物治疗后,更易反弹。换句话说,CBT 的疗效通常更持久。

- 从长远来看,药物疗法可能比 CBT 更昂贵。因为药物疗法持续时间更长(通常为数年),所以加起来可能会超过 CBT 的费用,而 CBT 通常只持续几个月。
- 很多人在服药时都会出现副作用。虽然这些药物所产生的副作用通常是可控的,并在服药几个星期后就会有所改善,但有些患者会经历更严重或更持久的副作用,患者难以忍受,进而导致药物治疗无法进行。CBT 的主要副作用是增加情境暴露训练中的焦虑感,然而这种焦虑感通常会很快消除。
- 治疗社交焦虑的药物可能会与酒精和其他药物相互作用。这些药物还可能会对患某些疾病的人产生不良影响。而 CBT 则不会出现类似的情况。
- 一些治疗社交焦虑的药物可能会使患者在停药期间产生不适症状。抗焦虑药和一些抗抑郁药均存在这一问题。可能产生依赖性的药物应在医生的监督下慢慢减量。相反,如果采用 CBT 治疗,患者就不会产生药物依赖及停药后的相关问题。
- 在孕期或哺乳期,患者需谨慎服用或禁服许多药物。而 CBT 疗法在任何情况下都可以安全进行。

在决定是否尝试药物疗法时,你应咨询你的医生。然而,请记住:医生的建议可能会受到其专业知识和治疗偏好的影响(如家庭医生在 CBT 方面的研究往往不及他在药物领域的研究)。现实中,往往很难预测 CBT、药物疗法或二者结合的疗法哪一种对患者更有效。然而,可以推测到的是个人期望有助于提高疗效。如果你认为某一种疗法更有效,那么你可能会从这种疗法中受益更多。

基于现有的最佳可行性研究,如果可能的话,我们通常建议患者最好先尝试 CBT,因为它的疗效往往比药物疗法更持久。在单独采用 CBT 无效或疗效有限的情况下,可以考虑加用药物。当然,每个人都是不同的,治疗建议往往因人而异。

药物选择

研究发现,许多常规药物对治疗社交焦虑均有效。研究支持使用抗抑郁药,但也有研究支持使用抗焦虑药(特别是苯二氮卓类的药)和某些抗惊厥药(通常用于治疗癫痫)。有证据表明,β-肾上腺素受体阻滞剂(也称为β-受体阻滞剂)可能有助于治疗表现恐惧症(如害怕公开演讲),且有初步研究支持使用某些抗精神病药物。我们将在这一章中逐一讨论这些药物疗法,还将回顾使用草药治疗社交焦虑的相关内容。

在选择药物时,或许最需要考虑的因素是该研究领域对每种药物的支持程度。基于现有研究,一些已发表的治疗指南推荐了治疗社交焦虑症的方法。总之,他们认为若采用药物疗法,抗抑郁药效果最好,包括艾司替普兰(在美国称作 Lexapro,在加拿大称作 Cipralex)、氟伏沙明、帕罗西汀、舍曲林和文拉法辛等。然而,他们也支持使用一些其他药物来治疗社交焦虑,稍后将在本章中进行讨论。如果你想了解不同国家现有的治疗指南,下文有几个例子:

- **美国**:"社交焦虑症临床实践回顾",由美国焦虑症和抑郁症协会在线发布。
- **加拿大**:《加拿大临床实践指南:焦虑、创伤后应激和强迫障碍》(Katzman et al., 2014),由加拿大焦虑指南倡议小组代表加拿大焦虑障碍协会出版。
- **英国**:《社交焦虑症:识别、评估和治疗的最佳指南》(National Collaborating Centre for Mental Health,2013),由英国心理学会和皇家精神科医师学会联合出版。

除了研究结果外,你和你的医生还应考虑到其他因素:

- **你特有的社交焦虑症状**:例如,尽管 β-肾上腺素受体阻滞剂可能会对表现恐惧(如害怕公开演讲或演奏音乐)的患者有效,但它对患更普遍形式的社交焦虑的人往往效果甚微。
- **药物的副作用简介**:例如,如果你自身受肥胖的困扰,那么在其他条件相同的情况下,你可能会更想选择不会增加体重的药物。
- **前期药物反应**:如果你或你的家人之前对某一种特定的药物反应良好,该药物对你而言可能是一种不错的选择。另一方面,如果某种药物之前对你不起作用(尽管在相当长的时间内服用了足够多的剂量),那么是时候尝试其他新的药物了。
- **其他心理障碍**:例如,如果你患抑郁症,那么服抗抑郁药则会比服抗焦虑药更有效。抗抑郁药可能对两种症状都有疗效。

- **费用**:传统药物往往比新药便宜,因为传统药物的使用更为普遍。好在大多数用于治疗社交焦虑症的药都是传统药物。

- **与其他药物以及草药的相互作用**:如果你已服用了某种药物或中草药,你应该选择与所服药物不会产生相互作用的药。

- **与自身疾病的反应**:如果你患某种疾病(如高血压),你应该选择不会导致已有病情恶化的药物。

- **物质滥用问题**:如果你喜欢饮酒或你在服用其他药物,你应该选择不会与这些物质发生反应的药物。

- **停药问题**:代谢分解较快的药物(换句话说,半衰期较短的药)更有可能导致戒断症状,患者停药往往也更难。因此,半衰期较长的药通常更易停用。如果你或医生担心你的停药问题,那么你在决定服用哪种药物时则需考虑到这一点。(半衰期是指人体分解或代谢一半的药物所需的时间。例如,一种药物的半衰期是 12 小时,那么 12 小时后药物分解 50%,再过 12 小时又减去一半,即 75%。半衰期较长的药物分解较慢,因此在药物完全排出体外之前,身体有更多时间去适应停药。)

药物疗法的几个阶段

药物疗法包含以下五个阶段:

- **评估**:在这个阶段,医生将会问你几个必要的问题来帮你选择治疗所需的最佳药物。

- **初次服用药物**:大多数情况下,最初服用的药物剂量会相对较低,这样你的身体才能逐渐适应药物。

- **递增药物剂量**:在这一阶段,药物剂量会逐渐增加,直到患者的症状有所好转。递增药物剂量的目的是找到针对患者个人有效的最低剂量。在这个过程中,要注意尽量减少可能出现的任何副作用。

- **保持**:在这个阶段,患者继续服用该药物一段时间。以抗抑郁药为例,患者需要至少持续服用一年,才能降低停药后症状复发的概率。

- **停药**:患者在服用药物后症状得到改善,医生可能会鼓励患者减少药量,以评估患者是否可以降低剂量或完全停药。如果患者同时也在接受 CBT 治疗,那么在停药阶段定期进行 CBT 治疗会有助于患者恢复。在某些情况下,医生可能会建议患者继续服用有效的药物。如果患者打算在停药后改服另一种药,医生可能会建议患者经历一段洗脱期(换句话说,在这段时间内,患者不得服用任何药物),以便留出足够长的时间使先前服用的药物彻底代谢出体外(对半衰期较长的药物,这一点尤为重要)。

利用抗抑郁药进行治疗

抗抑郁药是用于治疗社交焦虑最为普遍的药物。这些药之所以被称为"抗抑郁药"是因为它们最初是用于治疗抑郁症而上市出售的。然后,你可千万别因为它们的名称就小看它们的作用。这些药物能治疗大多数心理疾病,包括社交焦虑。事实上,不管患者是否患抑郁症,这些药物对治疗社交焦虑都很有效。有几类抗抑郁药对治疗社交焦虑很有效。下文将对它们进行逐一介绍。此外,在本节末还有推荐计量表可供读者参考。

我们还注明了哪些药物是通过美国食品药品监督管理局(FDA)正式批准的。尽管 FDA 的批准通常表明某一药物在合理使用时安全有效,但仍有许多对治疗社交焦虑安全有效的药物尚未获得 FDA 或其他国家监管机构的批准。这是因为对制药公司而言,要获得 FDA 的正式批准,不但费用昂贵,也很费时。因此,他们仅对每种药物申请有限的几种批准。

选择性 5-羟色胺再摄取抑制剂（SSRIs）

SSRIs 往往是治疗社交焦虑症的首选药物。事实上,SSRIs 药物帕罗西汀是第一个通过 FDA 认证的治疗社交焦虑的药物。帕罗西汀也有一种连续性缓释制剂,以商品名 Paxil CR 在市面上销售。FDA 批准的另一种 SSRIs 药物是舍曲林(左洛复)。虽然只有这两种 SSRIs 药物通过批准用于治疗社交焦虑症,但其实任何一种 SSRIs 药物都可以用来治疗社交焦虑。研究表明,其他药物,包括氟伏沙明、西酞普兰和埃司西酞普兰(在美国称作 Lexapro,在加拿大称作 Cipralex）都能有效治疗社交焦虑。氟西汀也称百忧解，在某些研究中被证明有疗效，而在其他一些研究中则被证明没有疗效（Hedges et al. ,2007；Katzman et al. ,2014）。一篇综述综合了 39 项利用 SSRIs 药物治疗社交焦虑症的研究结果，其结论表明帕罗西汀效果最佳（Davis，Smits，Hofmann，2014）。

虽然不同 SSRIs 药物的副作用略有不同，但一项研究发现，性功能障碍、嗜睡和体重增加是最常见的副作用（Cascade，Kalali，Kennedy，2009）。其他常见的 SSRIs 药物的副作用包括恶心、腹泻、头痛、出汗、焦虑、震颤、口干、心悸、胸痛、头晕、抽搐、便秘、食欲增加、疲劳、口渴和失眠。但你千万不要被这长长的清单吓到。大多数人只出现过其中一小部分副作用，有些人则根本没有出现副作用（Cascade，Kalali，Kennedy，2009；Hu et al. ,2004）。副作用通常是可控的。在治疗的最初几周，往往会出现药物副作用加剧的情况，但在患者逐渐适应药物后，可以通过减少药物剂量来控制这些副作用。某些副作用（如与药物有关的体重增加和性功能障碍）往往不会随时间的推移而减缓，除非停药或减少剂量。

尽管人们可能很早就注意到了患者情况有所改善，但 SSRIs 通常需要 2～4 周的时间才能初次见效（相对于安慰剂）。我们认为这种药物是通过提高大脑中的血清素水平来发挥作用的。血清素是一种神经递质，它将来自一个脑细胞的信息传递到另一个脑细胞。血清素可参与情绪和其他心理功能的调节。最近对社交焦虑症患者的研究表明，SSRIs 药物的疗效（有趣的是，还有安慰剂的效果）可能与杏仁核神经变化有关（Faria et al. ,2012；Faria et al. ,2014），这是大脑中涉及情绪体验的区域。

由于帕罗西汀被人体代谢更快，因而与其他药物相比，它更容易在停药阶段产生戒断症状，但大多数 SSRIs 药物都比较容易中断。因此，患者更应缓慢停用帕罗西汀。帕罗西汀（以及其他程度较轻的 SSRIs 药物）的常见戒断症状包括睡眠障碍、烦躁、震颤、焦虑、恶心、腹泻、口干、呕吐、性功能障碍和出汗。

S-性羟色胺-去甲肾上腺素再摄取抑制剂（SNRIs）

文拉法辛 XR（又称"怡诺思 XR"；"XR"代表"缓释"）是目前唯一可用的 SNRIs 药物，并有大量研究表明它有助于治疗社交焦虑：事实上，FDA 已批准该药。与 SSRIs 不同，文拉法辛（包括 XR 形式）可以同时作用于羟色胺和去甲肾上腺素神经递质系统，而这两个系统似乎都与焦虑和抑郁疾病相关。文拉法辛 XR 和 SSRIs 一样，与安慰剂相比，要经过数周才能见效，但许多对照控制实验结果表明，文拉法辛 XR 能有效治疗社交焦虑（Davis，Smits，Hofmann，2014）。其最常见的副作用包括出汗、恶心、便秘、食欲不振、呕吐、嗜睡、口干、头晕、紧张、焦虑和性功能障碍。如果停药过快，最常见的戒断症状包括睡眠障碍、头晕、紧张、口干、焦虑、恶心、头痛、出汗和性功能障碍。

度洛西汀（欣百达）是一种较新的 SNRIs 药物，研究表明它能有效治疗抑郁症和某些焦虑症状。然而，除了一项小型对照研究对采用该药物表示支持外（Simon et al.，2010），人们对其治疗社交焦虑症的有效性知之甚少。在大力推荐使用该药物之前，还需要更多关于其治疗社交焦虑有效性的研究。

其他抗抑郁药

市场上还有许多其他流行的抗抑郁药，其中一些对治疗社交焦虑很有效，而有些则无效。在本节中，我们将讨论其他几种被广泛采用的抗抑郁药物，以及一些最近才上市的药。

- **安非他酮**：安非他酮是一种广泛用于治疗抑郁症的流行药，然而几乎没有研究支持其用于治疗焦虑症，包括社交焦虑症（Katzman et al.，2014）。

- **米氮平**：米氮平被归类为去甲肾上腺素和特异性5-羟色胺能抗抑郁药（NaSSA），与 SSRIs 一样，它同时影响去甲肾上腺素和5-羟色胺水平。虽然早期的研究表明它可能对治疗社交焦虑症有用，但最近的研究发现它与安慰剂没有区别（Katzman et al.，2014）。

- **吗氯贝胺**：吗氯贝胺是单胺氧化酶 A（RIMA）的可逆抑制剂。虽然一些研究发现它对治疗社交焦虑症有效，但也有其他研究表明其没有疗效（Katzman et al.，2014）。尽管可以在加拿大和世界其他国家开具吗氯贝胺处方，但在美国不行。由于并非全部研究结果都认为其有效，因此在治疗时不建议首选吗氯贝胺。

- **苯乙肼**：苯乙肼是一种单胺氧化酶抑制剂（MAOI）。这类药物可以影响大脑中的三个神经递质:5-羟色胺、去甲肾上腺素和多巴胺。不断有研究表明这种药物可以缓解社交焦虑的症状（Davis，Smits，Hofmann，2014）。和其他抗抑郁药一样，苯乙肼需经数周才能产生疗效。尽管它很有效，但在服用该药物期间需严格限制饮食，且它与其他药物存在危险的相互作用，其副作用也往往比其他药物更严重，因此它很少在临床上使用。尽管如此，如果其他疗法不起作用，苯乙肼或许是个很好的选择。

- **维拉佐酮**：维拉佐酮作用于5-羟色胺，其药效机制与SSRIs类似，并通过其他方法发挥疗效。FDA在2011年批准它用于治疗抑郁症。最常见的副作用包括恶心、腹泻和头痛，但也有其他常见的副作用。到目前为止，仅一项初步对照研究发现其有助于治疗社交焦虑，然而证实该结果还需要更多的研究（Careri et al.，2015）。

- **伏替西汀**：伏替西汀于2013年获得FDA批准。尽管它似乎对治疗抑郁症有效，但还没有关于其治疗社交焦虑的研究，而且它治疗其他与焦虑相关的障碍的效果也微乎其微（Fu，Peng，Li，2016）。

表5.1　社交焦虑治疗过程中使用抗抑郁药的剂量范围

通用名称	品牌名称	治疗剂量范围(Mg) [*]
SSRIs		
西酞普兰	喜普妙	10～40
艾司西酞普兰	依地普仑	10～20
氟西汀	百忧解	10～80
氟伏沙明	兰释	50～300
帕罗西汀	赛乐特	10～60
帕罗西汀CR	赛乐特CR	12.5～75
舍曲林	舍曲林	50～200
其他抗抑郁药		
度洛西汀	辛巴尔塔	60～120
米尔塔扎平	瑞美隆	15～60
吗氯贝胺	朗天/克郁	300～600
苯乙肼	苯乙肼	45～90
文拉法辛XR	怡诺思XR	75～375
维拉佐酮	维布里	10～40

[*]：药物剂量部分基于Procyshyn、Bezchlibnyk-Butler和Jeffries 2017年的建议。

利用抗焦虑药进行治疗

最常见的抗焦虑药是苯二氮卓类药物，这是一种镇静剂，其成分包括氯硝西泮（在美国称作 Klonapin，在加拿大称作 Rivotril）、阿普唑仑（亦称"安适定"）、地西泮（安定）、溴西泮和劳拉西泮（氯羟安定）。迄今为止，仅氯硝西泮、阿普唑仑和溴西泮这三种药物在治疗社交焦虑疾患的过程中做过对照研究，其中氯硝西泮做过数次研究，阿普唑仑和溴西泮做过一次研究（Katzman et al.，2014）。必须注意的是，这些药物在治疗社交焦虑方面，都没获得 FDA 的正式批准。常见剂量如下所示（Procyshyn，Bezchlibnyk-Butler，Jeffries，2017）：

- 阿普唑仑（缓释配方）：建议起始剂量 0.5～1 mg/天，每日最高剂量 3～6 mg
- 阿普唑仑（速释配方）：建议起始剂量 0.75～1.5 mg/天，每日最高剂量 4 mg
- 溴西泮：建议起始剂量为 6～18 mg/天，维持剂量 6～30 mg/天
- 氯硝西泮：建议起始剂量为 0.5 mg/天，每日最高剂量 4 mg

若定期服用，这些药物可以有效治疗社交焦虑症。最常见的副作用有嗜睡、头晕、抑郁、头痛、神志不清、眩晕、意识失常、失眠和紧张。服用这些药物将危及患者的驾驶能力，且这些药往往会与酒精产生强烈的相互作用。此外，老年人需谨慎服用这些药物，因为较大的服药剂量会增加老年人跌倒的可能性。

与抗抑郁药相比，服用苯二氮卓类药物有以下几个优点。首先，这类药物见效快（通常半小时就会见效），因此可以将其作为缓解高压症状的"特需药"。其次，在使用抗抑郁药进行治疗的最初几周也可以服用该类药物，但患者需要等到抗抑郁药生效后再使用。最后，苯二氮卓类药物的副作用与抗抑郁药有很大不同，患者更易忍受该类药物产生的副作用。

尽管苯二氮卓类药物有以上优点，但患者仍需谨慎选择此类药物。首先，有药物成瘾问题的人应避免服用苯二氮卓类药物，因为它们会使人上瘾，而且会与其他药物相互作用。其次，服用苯二氮卓类药物的患者应避免使用其他镇静剂，如酒精和安眠药。最后，停止服用这类药物后会导致暂时的焦虑（有时会很强烈）、觉醒和失眠。在极少数情况下，突然停药可能会导致癫

病发作。考虑到停药会引起强烈的焦虑症状,患者出现停药困难的情况便不足为奇了。抽搐的症状可以通过逐渐减少药量直至停药来减轻。苯二氮卓类药物或许是治疗社交焦虑的有效选择,特别适用于短期治疗。然而,通常不建议首选这类药物(Katzman et al.,2014)。

使用抗惊厥药物进行治疗

抗惊厥药可以用于治疗癫痫、疼痛、焦虑和某些情绪问题。最近,一些初步研究表明,某些抗惊厥药可以用于治疗社交焦虑(Katzman et al., 2014)。具体来说,至少有四项对照研究支持使用普瑞巴林(Lyrica,常用剂量范围为150~600 mg),一项对照研究支持使用加巴喷丁(Neurontin,起始剂量为300~400 mg/天,常用剂量为900~1 800 mg/天,若用于治疗焦虑症,最高剂量可达3 600 mg/天)。但在治疗社交焦虑方面,这些药物都没有获得FDA的批准,若想成为首选治疗药还需经过大量的研究。

使用抗精神病药进行治疗

尽管近年来抗精神病药已被用于治疗一系列的疾病,包括痴呆症、抑郁症以及与焦虑相关的障碍,但此类药通常用于治疗精神类疾病,如精神分裂。只有两项对照研究检测了该类药物用于治疗社交焦虑症的情况,他们表示齐拉西酮和喹硫平可能对治疗社交焦虑有疗效(Barnett et al., 2002;Vaishnavi et al., 2007)。然而,考虑到这些研究未经重复验证,而且抗精神病药物导致的副作用往往比常用的抗社交焦虑的药物引发的副作用更严重,我们不建议大多数社交焦虑症患者使用这类药物。

使用 β-肾上腺素受体阻滞剂

β-肾上腺素受体阻滞剂通常用于治疗高血压。而且也能有效降低某些恐惧症状,例如心悸和颤抖。大量的早期研究表明,β-肾上腺素受体阻滞剂能有效治疗演员、音乐家、演讲者和其他一些未患有社交焦虑症的表演者的舞台表现恐惧症(如怯场)(Hartley et al., 1983;James, Burgoyne, Savage, 1983)。普萘洛尔(心得安)是治疗表现恐惧症最常用的 β-肾上腺素受体阻滞剂（若用于治疗舞台表现恐惧症,通常在表演前20～30分钟服用5～10 mg）。然而,尽管像普萘洛尔这样的β-肾上腺素受体阻滞剂有助于缓解日常与表演相关的神经敏感,但它们似乎对治疗社交焦虑症或其他任何焦虑症均无效(Steenen et al.,2016)。

利用天然草药

利用草药制剂治疗各类健康问题已非常普遍。例如,一项研究发现,39%的社交焦虑症患者在治疗的前六个月里使用过替代药物或草药疗法(Bystritsky et al.,2012)。用于治疗焦虑及其相关问题的常用的草药制剂包括圣约翰草、卡瓦、肌醇、抢救药物以及各类其他产品。很少有研究关注这些产品对焦虑症患者的疗效,到目前为止,初步对照研究仅调查了两项产品对社交焦虑患者的疗效。

第一种是大麻二酚,这是一种大麻提取物。虽然没有关于医用大麻作为治疗社交焦虑的研究,但最近的两项研究表明,大麻二醇或许能有效治疗公开演讲焦虑(Bergamaschi et al.,2011)和常见的社交焦虑症(Crippa et al.,2011)。另一种天然补充剂是圣约翰草(又称金丝桃)。虽然一些研究发现它能有效治疗抑郁症,但唯一一项关于这种产品对治疗社交焦虑症疗效的研究表明,它除了充当安慰剂以外,没有任何好处(Kobak et al.,2005)。

除了缺乏关于草药疗法有效性的研究之外,人们对其安全性以及与传统药物相互作用的程度也了解甚少。若你正在服用某种草药产品,一定要告诉你的医生,以防其与你正在服用的其他药物产生任何相互作用。

尽管我们对用草药疗法治疗社交焦虑的效果知之甚少,但有一些研究证实了草药产品和其他替代及补充疗法对治疗社交焦虑的有效性(Sarris et al.,2012),并且还有大量的研究正在进行中。在未来几年,关于该类疗法的安全性、相互作用以及疗效的信息将会越来越多。

药物结合疗法

你的医生可能会建议你结合使用多种药物来治疗你的社交焦虑,特别是在一种药物无法达到预期的疗效时。一般来说会结合使用两种或多种抗抑郁药,或是在抗抑郁药中增加另一种药(如抗焦虑药或抗精神病药)。由于有关多种药物结合治疗社交焦虑症的益处的研究很少,所以推荐结合用药往往基于研究之外的因素,例如医生治疗其他社交焦虑患者的经验。

一项已经研究(程度有限)的结合疗法是将SSRIs抗抑郁药和抗焦虑药相结合。例如,将帕罗西汀(一种SSRIs)与氯硝西泮(一种抗焦虑药物)相结合,并将这种结合疗法与帕罗西汀和安慰剂相结合的疗法相比较,以观测这种疗法是否能加快患者康复（Seedat & Stein, 2004）。研究发现,其疗效有限。另一项研究观察了单独服用舍曲林(一种SSRIs)无效的患者。研究发现,与添加安慰剂相比,在舍曲林中加入氯硝西泮后,效果明显（Pollack et al. , 2014）。总之,关于结合用药好处更多的研究有限,少数已发表的研究结果也好坏参半。

药物与心理疗法相结合

比较药物疗法和CBT的研究表明两种疗法都能有效缓解焦虑。此外,许多研究者已开始研究CBT和药物疗法相结合的益处。在本节,我们将讨论两种已经研究的结合药物和心理疗法的治疗方法:①抗抑郁药与CBT相结合;②利用认知增强剂提高暴露疗法的效果。

抗抑郁药与CBT相结合

在实际治疗中,通常将抗抑郁药(如SSRIs)和CBT相结合来治疗社交焦虑症。然而,结合这两种疗法并不会产生一致的疗效。现有案例表明,抗抑郁药、CBT以及结合疗法的疗效基本一致(Mayo-Wilson et al. , 2014)。然而,这并不意味着某种疗法会对特定的某类患者更有效。换句话说,一些患者适合用CBT,一些患者适合用药物疗法,而一些患者适合用综合疗法。如果你决定尝试将CBT与抗抑郁药物相结合,协调使用两种方法将使疗效达到最佳。例如,某一患者同时使用两种疗法,让提供CBT或药物疗法的专业人员相互协调。如前所述,如果有可能且患者能承受,我们建议大多数患者首先尝试CBT,如果单独使用CBT无效或效果不佳,则添加抗抑郁药物。

利用认知增强剂增强暴露疗法的效果

认知增强剂是促进学习的药物,如D-环丝氨酸(或DCS)。在过去,DCS是用作治疗结核病的抗生素药物（品牌名称为血清素/Seromycin）。事实证明，DCS 在大脑中也能起作用，它可以增加 N-甲基-D-天冬氨酸（NMDA）谷氨酸能受体的活性（谷氨酸和血清素一样，也是一种神经递质）。反过来，这些效应似乎可以增强学习效果。就在十多年前，基于在动物研究中所见的效果，研究人员首先想到 DCS 是否也能提高患者暴露在恐惧情境下的学习效果。此后的一些研究表明，DCS 可以通过加速暴露疗法的疗效来治疗社交焦虑（Guastella et al., 2008；Hofmann et al., 2013）。

具体地说，在暴露训练前不久服用 50 毫克 DCS 的患者似乎比那些服用安慰剂的患者对暴露疗法的反应更好，特别是当他们对治疗的反应在治疗早期进行过评估时。然而，经过一个完整疗程的治疗后，那些没有服用 DCS 的患者似乎"赶上了"。换句话说，DCS 似乎加速了暴露疗法的效果，但与没有 DCS 的全程暴露疗法相比，从长期来看，其疗效并不明显。

一项有趣的研究发现，DCS 与暴露疗法相结合的效果与暴露实践进行的效果有关。DCS 并不能直接减轻焦虑；相反，它能增强学习。因此，如果暴露训练提供了积极的学习体验（如若在这个训练过程中焦虑得到了减轻），那么 DSC 将增强积极的学习体验，在下次训练开始时降低患者的焦虑感。然而，如果某一暴露训练进展得并不顺利（如焦虑感在训练结束后仍然很强烈），那么与使用安慰剂相比，使用 DCS 似乎增强了负面的学习体验，导致患者在进行下一次训练时的恐惧感（Smits et al., 2013）。

虽然有实验表明，DCS 等药物可以在治疗早期加速暴露疗法的效果，但 DCS 在常规临床治疗中的使用并不多见，你可能很难见到一位医生会推荐它作为暴露疗法的辅助药物。这可能是因为提供 CBT（包括暴露疗法）的治疗师和开处方的医师并不是同一位；这也可能是因为许多开处方的医生对 DCS 的新研究结果并不了解；这还可能是因为从长期来看，DCS 对治疗效果的影响并不大。如前所述，尽管 DCS 可以加速暴露疗法的作用，但不管有没有采用 DCS，患者在结束 CBT 后往往表现得同样的好。

DCS 并不是正在研究的唯一的认知增强剂。例如，一项研究发现，一种名为育亨宾的药物也可能增强暴露疗法的效果（Smits et al., 2014）。大量有关认知增强剂（如 DCS 和育亨宾）与心理治疗相结合的益处的研究正在进行中。我们很有可能在未来几年就能看到该领域的进一步发展。

关于药物疗法的常见问题

是否采用药物疗法须谨慎考虑，人们对此感到疑惑也是正常的。

问：服药治疗就说明身体虚弱吗？

答：服药并不表示你的身体虚弱。

问：我服药后会有怎样的改善？

答：一小部分社交焦虑症患者在服药后并不会产生任何效果。另一小部分患者在服药后会完全康复。然而，大多数社交焦虑症患者在服药后会得到适度的改善。一般来说，置身绝大多数场景，他们的焦虑感会降低，也会更加舒适和自在。

问：用药物疗法治疗社交焦虑危险吗？

答：若患者按照医嘱服药，药物疗法通常是安全的。如果药物的副作用引起了某些问题，一般来说可以通过减少剂量或换一种药来控制。

问：停止服药对我是否有危险？

答：患者需要在医生的指导下渐渐停药。若妥善进行，一般来说，停药并不会带来副作用。

问：如果药物对我不起作用该怎么办？

答：如果药物对你不起作用，你首先要确保你在相当长的时间内每天都按时按量服药。若还不起作用，你可以尝试其他药物，或采用 CBT。

问：我在服药多长时间后才能断定该药物不起作用？

答：大多数抗抑郁药在服药 4~6 周内会见效。如果你在足量服药 8 周后还未见效，那么你可以向医生咨询换另外一种药。

问：如果我停药后焦虑症状又反弹了，我重复服用同种药物还会有效果吗？

答：通常来说，在中断服药后，你再次服用同种药物还是会见效。然而，一些药物在第二次服用时药效会降低。在这种情况下，可以服用另一种处方药。

　　总的来说，药物能有效治疗多种社交焦虑。研究表明，某些抗社交焦虑的药物（如氯硝西泮）和许多抗抑郁药（如帕罗西汀和文拉法辛）都有助于减轻社交焦虑症状。如果你决定采用药物疗法，你首先要和你的家庭医生或精神科医生联系。你的医生会给你推荐可能对你有疗效的药物。

第 6 章
改变焦虑的想法和预期

"认知"一词指的是我们加工信息的方式,包括思维、感知、解读、注意力、记忆和知识。"Cognitive"(认知的)一词只不过是"cognition"(认知)的形容词形式。例如,认知科学是指与我们思维方式有关的科学。认知疗法指的是一种心理疗法,目的是改变消极的、不现实的观念、想法和解读。

本章概括综述了一些已经证实的通过改变消极的,或不现实的思维方式来减轻社交焦虑的策略。本书探讨的很多认知技巧及原则在别处也被另一些作者提及并拓展,如阿伦·T. 贝克(Clark & Beck,2010)、戴维·博尔斯(David Burns,1999)、戴维·M. 克拉克(Clark & Wells,1995)、理查德·海姆贝格(Heimberg & Becker,2002)、克里斯廷·帕蒂斯基(Greenberger & Padesky,2016)等。多年以来,和本章所探讨的相类似的策略一直被大多数实施认知疗法的治疗师采用。认知策略通常与行为策略(包括暴露疗法)相结合。认知行为疗法是一个涵盖范围更加宽泛的术语,包括认知疗法、行为疗法,或两者兼而有之。

认知疗法的起源

20 世纪六七十年代,一些心理学家和精神病学家对传统的心理疗法(如精神分析)不再抱有幻想,开始探索其他疗法来救助他们的病人和客户。有观点表明,人们的焦虑、抑郁、愤怒和相关的问题均来源于他们对自身、环境以及未来的看法,基于这一点,精神病学家阿伦·贝克(Aaron Beck,1963,1964,1967,1976)、心理学家阿尔伯特·埃利斯(Albert Ellis,1962,1989)和唐纳德·梅肯鲍姆(Donald Meichenbaum,1977)各自开创了新的治疗形式。

例如,他们假设恐惧源于一种信念,即某一特定情况具有威胁性或危险性。贝克、埃利斯和梅肯鲍姆各自研发出治疗方法,旨在帮助患者认识到他们的想法和假设是如何导致他们的负面情绪的,并通过改变这些负面想法来战胜心理痛苦。埃利斯称他的治疗形式为理性情绪疗法,后来又将其重新命名为理性情绪行为疗法(REBT)(1993)。梅肯鲍姆将他的治疗方法称为认知行为矫正法(CBM)。然而,阿伦·贝克是首个使用认知疗法这个词来描述其治疗方法的医生。这三种新疗法几乎都是在同一时间研发的,它们在潜在假设和一些治疗策略方面也非常相似。

多年来,贝克的疗法比埃利斯和梅肯鲍姆的治疗方式更受欢迎且效果显著。此外,在治疗社交焦虑方面,相较于 REBT 或 CBM,贝克的认知疗法经过更为严谨的研究。因此,本章讨论的方法基于贝克及其合作者提出的方法,且在治疗社交焦虑及其相关问题方面采用并扩展了贝克疗法。

社交焦虑的认知疗法猜想

以下是一些关于认知疗法的基本猜想,尤其关系到对羞怯、社交焦虑和表现恐惧的治疗。

- 我们对某一特定情境的情绪体验与我们的想法相关。也就是说,不同人对同一情境有不同的解读,他们产生的情绪也因此不同。例如,设想你的一个朋友在最后一刻无缘无故地取消了一个晚餐约会,表 6.1 是基于你的想法及解读可能会产生的一系列情绪反应。

表 6.1　基于想法及解读的情绪反应

解读	情绪
我的朋友受伤或者生病了	焦虑或担心
我的朋友没有给我应有的尊重	愤怒
我的朋友不在乎我	伤心
谢天谢地,晚餐被取消了,和别人吃饭时我总是很紧张	欣慰
我想一定是发生了什么事。每个人总是时不时地改变计划,我也是	中立

- 当一个人把一个情境解读为有威胁性或危险性时,焦虑和恐惧就会产生。尽管对恐惧的猜测和解读有时是准确的,但它们常常被夸大或根本就不准确。第1章介绍了导致社交焦虑的一系列想法及猜测。其中包括关于个人表现的想法(如"人们会认为我是一个傻瓜")以及关于焦虑自身的想法(如"不要在别人面前表现出焦虑,这对我很重要")。以上这些想法则容易使人在社交和表现情境中被焦虑困扰。

- 认知疗法的目标是使患者能够更加现实地思考而不仅仅是积极地思考。有时你的焦虑想法是现实的,与特定情况下的实际威胁一致。在这种情况下,焦虑也许是一件好事,因为它能让你保持警惕从而免于受到危险的伤害。例如,当和一个权威人物(如你的老板或一个警官)交流时,一点点的紧张能让你看起来不那么高傲、苛求或咄咄逼人。认知疗法主要针对与实际危险程度相比,你的想法、猜测和解读被夸大的情境。

- 认知疗法的另一个目标是使患者更灵活地思考,并尽可能从不同的角度看待各类情境。通常,当我们的情绪过于强烈(如焦虑、恐惧、悲伤和愤怒)时,我们解读某一情境的范围往往会缩小,几乎只关注与这些情绪相关的想法。在认知疗法中,患者会受鼓励去追问,"还有什么其他方式来看待这种情况?"

- 人们很自然地趋向于寻找或关注能证实他们自身想法的信息。就社交焦虑而言,人们更关注并重视别人对自己做出否定评价的证据(如曾在高中时被别人嘲笑),而不是与焦虑想法相抵触的证据(如曾因工作表现出色受到好评)。认知疗法的目的在于帮助人们在做出猜测之前,对所有的信息做全盘考虑。

焦虑思维类型

当人们做出过高或错误的猜测时,便会产生焦虑思维,并且这种焦虑思维将会一直持续下去。这些猜测包括在一个特定情境中可能会发生的情况,自身表现的好坏以及其他人对自己的看法。本节描述了一些最为常见的思维类型,它们通常会在一定程度上导致社交及表现焦虑。本书并未涉及其他作者曾经强调过的(Burns, 1999)另外一些消极和夸大想法的例子。在大多数情况下,这些例子之所以被忽略,是因为它们和社交焦虑并没有特别的关联,或它们与我们所选的事例非常相似,有重叠之处。事实上,就连我们所列的各种思维类型在某种程度上也有重叠的部分。你或许会注意到,某一特定的焦虑想法(如"别人会认为我很无聊"之类)很可能属于不止一种范畴(如概率高估、读心症)。

概率高估

概率高估指的是人们预测某种情境很有可能成真,而实际上其可能性相对较低。例如,某些害怕做陈述的人也许会预测下次表现会很糟糕,即使他的表现通常很不错。同样,约会时很紧张的人大概会猜想对方认为自己没有吸引力,即使过去很多人都认为他很有魅力。概率高估可能是最常见的一种焦虑类型。

概率高估举例:

- 我将被恐惧征服。
- 派对上的每个人都认为我很愚蠢。
- 我的表现糟糕透顶。
- 我再也不能进入一段亲密关系了。
- 如果我给堂兄弟打电话,我会无话可说。
- 如果我犯了错,就会丢掉工作。
- 如果我外出,每个人都会盯着我看。

你能不能想起最近的一些事例,没任何原因,可你却认为事情会进展得很糟糕? 如果有,把体现出你概率高估的例子列在下面:

_____

、

_____

_____

读心症 (也称测心术)

读心症是概率高估的一种,指对他人的想法,尤其是他人对自己的想法做出消极的假设。如果你有社交焦虑的问题,那么很可能你会认为人们对你有消极的看法。尽管有时候人们的确会对他人做出消极的评价,但这种情况发生的概率比你想象的要小得多。你对他人想法所做出的猜测极有可能被夸大,甚至完全不真实。下列每一种想法都是读心症的表现:

- 人们认为我很无聊。
- 如果老板看到了我的手在发抖,他可能会认为我是一个傻子。
- 人们会觉得我在脸书上的照片很难看。
- 当人们看着我时,他们会认为我很古怪。
- 大多数人认为焦虑是弱者的表现。
- 当我脑子短路时,我的朋友会认为我很笨拙或很蠢。
- 当我感到焦虑时,人们总能察觉到。

你能不能想起最近的一些事例,关于你对人们怎样看待你而做出的猜测? 如果有,把体现你读心症的例子列在下面:

_____

_____

_____

灾难性思维

灾难性思维(也称灾难化)指的是个人倾向于猜测如果某件不好的事情发生,这件事的后果将会可怕至极,且难以掌控。例如,在人群中会感到焦虑的人通常会认为如果他人对自己有不好的看法将是一场灾难,或者如果知道他人正对自己大加评判后,自己难以解决。当然,我们会时而犯错,冒犯别人,或者看起来很愚蠢。认知疗法教人们进行替换性思考,例如"谁在乎别人怎么想? 我有时不时犯错的权利"或者"我让别人感到不舒服我很抱歉,但别人也会遇到这样的事儿"。以下是更多灾难性思维的例子:

- 如果在我演讲时别人看出了我的焦虑,那真是太可怕了。

- 我像个傻瓜一样,却无能为力。

- 如果周六晚上的约会我无话可说,那真是可怕。

- 如果有人表现出不喜欢我的话,那真的就像世界末日到了一样。

- 如果在演讲时我大脑突然短路,真是可怕。

- 如果在课堂上回答问题时我脸红了,那真是太糟糕了。

在下面举出一些例子来体现如果某事发生,你是如何将它的结果灾难化或将其夸大的:

_____

_____

_____

个人化

个人化指的是对一个消极情境承担起更多的责任(与你应承担的责任相比),而不承认导致该情境的其他不同因素。以下是一些个人化的例子,并列举了实际上可能导致该情境的其他因素。

表6.2　导致个人化行为的其他因素

个人化行为举例	实际情况
在一个朋友的生日宴会上,我和一个客人聊天,很快就没了话题,聊天很快就结束了。我觉得这都是因为我很无聊找不到话题	实际上,其他因素很可能导致了这一状况,包括:①对方想不出任何可以交谈的话题;②虽然我们两人确实都不是无聊的人,但我和他没有任何共同语言;③在聚会上,很多交谈都结束得很快,这很正常。不是谁的错
我犯的错误让老板很生气,这足以证明我不能胜任工作	实际上,其他因素很可能导致了这种情况,包括:①老板总是喜欢对人发脾气,所以对我也不例外;②老板的期望值太高了(我知道并不是任何一个老板都会因为我犯了一个错误而对我大喊大叫,有可能老板生气和他自身的期待有关,而不是因为我犯的错误);③除了能力不够之外,导致人们犯错的原因还有很多

个人化行为举例	实际情况
人们在我做口头陈述时睡着了,又一次证明我确实是个乏味的演讲者	实际上,其他因素很可能导致了这种情况,包括:①话题太枯燥死板,对任何一个演讲者来说,要做到吸引人都是很困难的;②演讲开始的时间太晚,很多听众都已感到很疲惫了;③对一些人来说,演讲很无聊,而另外一些人可能会觉得有趣
电梯里,一个女人盯着我看,她大概觉得我看起来很奇怪	实际上,其他因素很可能导致了这种情况,包括:①她盯着我看是因为她喜欢我的长相或我穿的衣服;②她只是朝着我这边看,而实际上她并没有看我(也许她只是发呆或在做白日梦);③虽然她盯着我,但在想其他的事

你能不能想起最近发生的一些关于你有个人化思维现象的事例? 如果有,将能体现你个人化思维的例子列在下面:

_____

_____

_____

"应该性" 陈述

"应该性"陈述指的是对事情的本来面目所做的不正确的或夸大的假设。含有"总是""从不""应该"和"必须"这类词的陈述通常都属于"应该性"陈述。有时,如果你有使用这些词的倾向的话,则表明对自己或他人,你都有着过于苛刻或过于完美的期待。下面是一些例子:

- 和他人一起时,我不应该感到紧张。
- 我绝不让自己的焦虑表现出来。
- 我应该永远不犯错误。
- 我绝不给别人添麻烦。
- 别人绝对不应该把我想歪了。

- 我绝不能做任何让别人注意到我的事情。

- 别人绝对不能嘲笑我或者我所做的一些事。

- 我应该保持有趣并且总能让别人开心。

- 我必须把每件事都做得完美才对。

在下面举出一些你生活中的例子来表现你对自己或他人的不合理期待（即那些所谓"应该"的"事情"）：

_____

_____

_____

全或无思维

全或无思维（又被称为非黑即白思维）是指个人倾向于认为某些欠完美的表现是完全不可接受的。有这种思维方式的人将他们的行为划分为两类：对与错，或完美与糟糕。他们不接受在这些极端之间存在其他可能性，像"应该性"陈述那样，全或无思维崇尚极度的完美主义，并持有不现实的标准。以下是有关全或无思维的一些例子：

- 如果我在演讲时没了思路，即使就一次，那么整个演讲也就被我搞砸了。

- 即使只有一个人认为我很紧张，也就够我受的了。

- 如果在考试中没有得到 A，老师会认为我很蠢。

- 在年度总结上，如果老板做出了任何负面评论或改进建议，即使只在一个方面，那也是我不能接受的。

- 表现出一丁点儿的焦虑就几乎和完全崩溃一样糟糕。

在下面举出一些表现你全或无思维的例子：

_____

_____

选择性关注和记忆

选择性关注倾向于将注意力更多地集中在某类信息上,选择性记忆则倾向于更容易记住某类信息。正如之前所探讨的那样,人们更容易注意到并记住那些和他们的想法相一致的信息。人们也更容易注意到他们期待的信息,并且错过那些他们不期待的信息。

有证据显示,患社交焦虑的人倾向于选择性地记住一些能激起他们焦虑想法的信息。例如,他们可能会比其他人更易记住受人批评或遭人嘲笑的时刻,抑或是他们在社交情境中表现得很糟糕的时刻。在社交情境中,或在与他人打交道时,患社交焦虑的人更易注意到那些看起来很无聊或看起来很不满意的人。以下是其他一些有关选择性关注和记忆的例子:

- 忽略来自老师或老板的正面反馈(换句话说,不重视正面反馈,就像它根本不重要),却很严肃地对待负面反馈(如让负面反馈毁了你一整天)。
- 将注意力放在成绩册上的一个低分,而忽略其他所有高分。
- 只记得在高中曾被嘲笑过,却忘记了放学后和朋友们一起度过的快乐时光。
- 在演讲时,将注意力放在那些看起来觉得你的演讲很无聊的听众身上,而忽略了人群中表现出对你的演讲很感兴趣的那些人。
- 在谈话中,只注意到自己结结巴巴或脑子短路的时刻,却忽略了谈话的其余部分还是相当顺畅的。

你能否想出你是如何将注意力选择性地集中在那些证实你的焦虑想法的事件或信息上,而又选择性地忽略了和你的想法不一致的信息? 在下面举出一些你的选择性关注或记忆的例子:

_____

_____

_____

消极核心思想

核心思想指的是根深蒂固地影响我们看待事物的想法或预测。消极核心思想包括一些无用的猜测,这种猜测可以是关于自身的(如我很无能),可以是关于他人的(如其他人都不可以),也可以是关于这个世界的(如这个世界危机重重)。人们越是坚持这种想法,就越难改变。

消除核心思想的一种方法是不断反问自己每一个消极念头的意义是什么,直到这种消极念头背后的核心思想浮出水面。下面是莱亚姆和他的治疗师之间的对话,对话内容向我们展示了该过程:

莱亚姆:我总是不敢向我的同事辛迪表白。

治疗师:如果你向她表白,害怕什么呢?

莱亚姆:我最怕的是她会拒绝我。

治疗师:为什么会有这样的担心呢?

莱亚姆:如果她拒绝了我,大概就意味着她认为我没魅力。

治疗师:如果是那样的话,又怎么样呢?

莱亚姆:那就印证了我的想法:我没有魅力。

治疗师:如果那是真的,会怎么样呢?

莱亚姆:嗯,如果那是真的,就意味着没人会认为我有魅力,没人愿意和我约会,就意味着我不讨人喜欢。

治疗师:如果没人喜欢你,你觉得会有多糟呢?

莱亚姆:如果没人喜欢我,那我肯定就要孤独到老了。

治疗师:好,我们来总结一下,你大概是这个意思:①如果她拒绝了你的表白,那就表示她认为你没有魅力;②如果一个人认为你没有魅力,那么所有的人也都会这么想;③表白被拒绝意味着你不讨人喜欢,并且注定要孤独到老。你觉得没人会爱上你吗?

莱亚姆:我想是的。有时我不会这么想,但多数时候,我摆脱不了这个想法。

怎样识别你的焦虑想法和预测

在第 3 章中,我们讨论了自我识别焦虑想法的策略。我们建议你在尝试本章所述的策略之前,先复习一下"你的焦虑想法、预测和期待是什么"这部分的内容。除非你清楚自身的焦虑是什么,否则改变想法就毫无意义。你一定要清楚,识别焦虑想法是一个长期的过程,不是一蹴而就的。每当你发觉自己陷入触发焦虑的情境时,试着分析导致这些不适感的想法、期待等。在大多数情况下,你能通过反问自己下述一系列的问题来分辨出你的焦虑想法和预测:

- 在这种情况下,我害怕会发生什么呢?

- 我担心别人对我的什么看法呢?

- 如果我所担心的是真的,又会怎样呢?

有时,人们很难辨析自己的想法。事实上,长期性的社交焦虑可能已成为你生活中的一部分,循环往复,招之即来(好比一种习惯)。而且,由于你回避你害怕的情境,你很难记得当你处在这样的情境中时会有怎样的想法。

如果你很难辨析自身的想法,我们建议你尝试将自己暴露于你所惧怕的情境之中,并辨析自己的想法(如任何猜想、解读或预测)。通过训练,你会越来越容易辨析自己的焦虑想法。事实上,正如我们在第 7 章和第 8 章中讨论的那样,即使你不能确定导致你焦虑的具体想法,你也可以通过亲临下列情境来降低自身的恐惧感。

改变焦虑思维的策略

本节概述了 8 种改变导致社交焦虑的想法和预测的策略。包括:①检验焦虑想法的证据;②挑战灾难性思维;③进行行为实验;④关注自身能力;⑤站在他人的角度想问题;⑥权衡你和想法和预测要你付出的代价和收益;⑦理性应对陈述;⑧记录社交焦虑想法。在描述每一个策略的同时,我们提供了相应的练习,从而让你对每一个策略都有练习的机会。在本章结尾,我们建议将所有的技巧结合起来,将认知疗法作为一个整体,应用于更广阔的治疗体系中。

当你感到焦虑时,你可以采用本章中提到的策略。在预测具有社会威胁性的情境时(我们将其称作预期性焦虑),感到焦虑是很常见的。人们反复斟酌自身的表现也很常见;有时持续几分钟,但有时会持续几天、几周甚至更长的时间。反复回顾糟糕情境的行为叫作"事后处理"。无论你是在准备演讲时感到恐慌,在派对上感到恐慌,还是担心工作面试的表现,我们都鼓励你在感到焦虑时练习这些策略。

检验焦虑想法的证据

认为别人有批判性想法并不意味着别人就是尖酸的人。事实上,我们所猜测的别人对自己的看法通常与他们真实的想法完全不同。很多时候,你都会听到别人抱怨说"我的发型真难看"或"我太失败了",而实际上在你眼中他们其实都还不错。如果你执意认为你在别人眼中低人一等,你可能夸大或误解了他人对你的外表、行为或表现的反馈。

改变你焦虑想法的第一步就是认识到你的想法并不是事实。事实上,这些想法不过是对事物本身的猜测或假设。通过检验自身想法,你就能评估自身想法的真实程度。记住,你的自然倾向极有可能是一些满足自身消极想法的信息。检测所有的信息,特别是那些与你的想法和猜测相悖的信息,从而得到一个更为平衡、客观的想法。

为了更好地找到焦虑的源头,我们建议你养成询问自己的习惯,如:

- 我怎么就能确定我的猜测会变成现实呢?
- 凭借我以往的经验,我的想法变成现实的可能性有多大呢?
- 是否存在我的焦虑想法没有变成现实的时刻?
- 有没有事实或数据能证明我的预测会变成现实呢?
- 对这一情况,有没有其他的解读呢?
- 他人(尤其是那些没焦虑感的人)会怎么解读这种情况呢?

把这些问题记录在你的手机或其他设备上用来提醒自己,会很有用。你也可以将它们

113

记录在小卡片上并放在裤兜或钱包里随身携带。证据检验包括四个基本步骤。下文列举了这四个步骤,并以克服演讲时的恐惧和颤抖为例加以解读。

1. 识别焦虑的想法、预测及解读

- 如果观众发现我在演讲时手一直在抖,他们会认为我不称职。

2. 生成其他想法、预测以及解读

- 没人会注意到我在发抖。
- 只有少部分人会注意到我在发抖。
- 看到我发抖的人可能会觉得我很累或者我咖啡喝多了。
- 看到我发抖的人可能会觉得我有一点焦虑。
- 偶尔发抖很正常,所以人们看到我手抖时不会多想。

3. 支持我焦虑想法、预测以及解读的证据

- 我觉得我手抖得很厉害。
- 多年来一直有人对我手抖说三道四。
- 当别人发抖时我也会注意到。

4. 支持我其他想法、预测以及解读的证据

- 我认识其他手会发抖的人,人们并不认为他们不称职。
- 当我注意到别人发抖时,不会认为他们不称职。
- 当我问别人是否注意到我的手在发抖时,他们通常说没有。
- 当人们注意到我在发抖时,他们也没有对我另眼相看。
- 听众非常了解我,他们不会因为在一次口头陈述中我的手发抖而改变对我的看法。

5.选择一个更加平衡和灵活的方式看待情境

- 一些人可能注意到我的手在发抖,但他们不会就此认为我不称职。

你可以用表6.3来检验那些支持和抵触你焦虑想法的证据。你也可以复制几张表格,这样当你面临一个令你恐惧的情境时,就可以随时使用。

表6.3 证据检验表

情境	识别焦虑的想法、预测及解读	生成其他想法、预测及解读	支持我焦虑想法、预测及解读的证据	支持我其他想法、预测及解读的证据	选择一个更加平衡和灵活的方式看待情境

资料来源:© 2017 Martin M. Antony 获准使用。

115

为了进一步阐述检验证据的过程,我们将史蒂夫和他的治疗师之间的对话作为例子,来说明怎样识别焦虑想法,然后再凭借以往的经验对那些想法提出挑战。

治疗师:如果下周让你参加公司的野餐,你害怕什么呢?

史蒂夫:我会很紧张,我怕我找不到和别人交谈的话题。别的人都在谈论他们的孩子,我没结婚,也没孩子,所以我和他们毫无共同语言。

治疗师:你有多确定你会无话可说呢?

史蒂夫:差不多90%。

治疗师:那就意味着在你参加类似的活动时,你有90%的时间无话可说。这种情况是真的吗?去年的公司野餐怎么样?

史蒂夫:刚到时,我觉得情况不是很好。我站在边上,没和别人说什么话。过了一会儿,人们让我也加入他们的谈话中,我觉得轻松了一些。我想去年对我来说尤其难熬,因为我刚进入公司,对谁都不是很了解。

治疗师:你能想出用来交谈的话题吗?

史蒂夫:刚开始时很难,而且我觉得比别人更难,但我还是能想出一些可以谈论的东西,尤其是到了下午晚些时候。

治疗师:去年的野餐上,每个人都带了自己的另一半吗?他们都在谈论自己的孩子吗?

史蒂夫:没有。实际上,还是有一小部分单身的同事。去年,很多人自始至终都在谈论工作。

治疗师:回想一下去年公司的野餐,你还认为在今年的野餐上你会无话可谈吗?

史蒂夫:呃,我可能不如另外一些人健谈,但我想大概还是可以找到能交谈的话题。或许今年对我会更容易些,因为我已经和他们共事了一年多,所以我对他们也更了解。

挑战灾难性思维

挑战灾难性思维要求转移你的思维焦点,即从某一个特定的结果可能会多么恐怖转移到你如何控制或应对这一结果。最有效地克服灾难性思维的方法之一就是问自己如下这些问题:

- 那又怎么样呢?
- 如果我的担心变成了现实会怎样呢?
- 如果_____想法变为现实,我该怎么应对?
- _____真的有我想的那么糟糕吗?
- 在这一大堆事情当中,它真的很重要吗?
- 我要从现在起一个月的时间里都计较这个吗?还是一年?

很多情况下,你会意识到即使你的恐惧变成了现实,世界末日也不会到来。在应付这种情况的过程中,你的不适感就会消失。以下是艾梅和她的治疗师之间的谈话,说明如何用这种方法挑战灾难性思维,从而敢于与某人约会。

艾梅:我不敢约会任何人,因为我害怕被拒绝。

治疗师:有没有哪个人是你一直打算要约的呢?

艾梅:我的班上有位小伙子,我几次上课都和他坐在一起,课刚好在午饭前结束,所以我一直想邀请他一起吃午饭。

治疗师:为什么你没这样做呢?如果约他一起吃饭,你觉得会发生什么呢?

艾梅:我最怕他对我不感兴趣。我会让他为难,而他就会随便找一个借口来拒绝我。我担心他会认为我很蠢,甚至比蠢还糟,他会认为我很可怜。

治疗师:正如我们上次谈论过的,他可能还会有其他不同的反应。认为你很愚蠢、很可怜只是很多可能性中的两种。尽管如此,我们暂且假设你的担心是事实。如果他真的认为你很愚蠢或可怜,你会怎么样呢?

艾梅: 我不知道。我想我会觉得很糟糕。

治疗师: 那是否意味着你真的很可怜或愚蠢呢?

艾梅: 我想不是。

治疗师: 那是否意味着其他所有人也会认为你很愚蠢或是可怜呢?

艾梅: 当然不是。

治疗师: 为什么?

艾梅: 嗯,他的想法并不能代表别人的想法。我知道我的朋友不会认为我很可怜。至少我希望是这样。

治疗师: 如果你不愚蠢也不可怜,那他为什么还要拒绝你呢?

艾梅: 可能他已经有了别的午餐安排,或者他已经有了女朋友。

治疗师: 都有可能。让我们回到你最初的想法。如果他真的认为你很可怜,而这又是他不想花时间和你在一起的原因,你会怎么办呢?

艾梅: 我想那也没关系。在过去的几周里,我已经认识到不是每个人都必须喜欢我。也许那只意味着我们并不适合对方。

治疗师: 如果他谢绝了你的午餐邀请,你认为你能承受被拒绝的感受吗?

艾梅: 我想是的。开始会很难受,但我想我能控制自己不要变得太沮丧。

克服灾难性思维还包括不要只把注意力放在一些消极经历的即时后果上(如"在我演讲时,人们会往坏处想我"),而忘记了你的不适感一小会儿就会消失。事实上,犯一个小错或是让自己很尴尬所产生的后果通常是非常小的,而且绝不会持续很长的时间。即使人们注意到了你的错误或紧张,几分钟之后,他们很可能就忘记了。表6.4是一个挑战灾难性思维的表格,该表格能协助你挑战社交情境中的灾难性思维。该表格共有三栏。在第一栏中,你应描述让你感到焦虑的情境。在第二栏中,描述你的焦虑想法和预测。现在,问自己上述列表中列出的一些问题(如"那又怎么样呢"),并在第三栏中记录下你的非灾难性回应。以下是一些例子。

表 6.4 抵制灾难性情绪表格

情境	焦虑想法和预测（我认为会发生什么？）	非灾难性回应（如果我的想法变为现实会怎样？）

第一栏(情境举例)

- 做口头陈述。

- 在交谈中,难以找到交谈的话题。

- 参加聚会。

- 约会。

- 穿越一个有很多人的商场。

第二栏(焦虑想法举例)

- _____会认为我很蠢。

- 我的手会抖。

- 我会显得很弱小或很不称职。

- _____会认为我很可怜。

- 我的焦虑会被_____注意到。

第三栏(非灾难性回应举例)

- 即使_____认为我是一个傻瓜,但这并不代表我就真的是傻瓜。他的观点代表不了所有人的想法。

- 就算_____注意到了我的焦虑,世界末日也不会到来。每个人都会时不时地感到焦虑。

- 谁会在意我的手在发抖?我有权利手抖。别人根本不会在意。就算他们注意到了,他们大概也不会在乎。我老板的手就会发抖,我看也没人在意。

- 如果我被嘲笑,那也是可以掌控的。大多数人都会时不时地被人嘲笑。我肯定也曾笑过别人。除了暂时的不自在或尴尬,就事件总体而言,这真的没什么。

120

进行行为实验

认知疗法包含测试自身想法和预测的效度,就像科学家测试科学原理或猜想的效度一样。事实上,实验是科学家验证其猜想的最有力的方法。在社交焦虑的认知疗法中,实验通常是通过一些小的行为测试来判断一个想法是否有效。通过一系列重复性的行为实验,你很有可能会否定导致你恐惧和焦虑的那些想法和预测。表 6.5 是一些具体的实验举例,用来测试各种引发焦虑的想法的效度。

表 6.5　克服焦虑的行为实验

引发焦虑的想法	行为实验举例
端着一杯水时手发抖,真是可怕	端着一杯水时,故意让手发抖,让水泼洒在身上！然后看是不是真的那么可怕
明天的招聘面试,我一定会表现得像个傻瓜,何必自找麻烦去面试呢	去参加这个面试,看看会发生什么
如果我成了大家注意的焦点,我不知道如何应对	做点引人注意的事。例如,上课迟到,把钥匙掉在地上,把衬衣穿反,或者在超市撞倒一些不易碎的东西
如果显得很愚蠢或很无能,那真是可怕	在商场排队付钱,轮到你付钱时,告诉收银员你忘了带钱
如果邀请一个同事吃晚餐,我会被拒绝	邀请你的同事一起吃晚餐,看看他的反应

选择行为实验时,尽量选那些不会让你有任何损失的实验。例如,不要只因为想看看会有什么后果,就去告诉你的老板你有多讨厌他！尽量选择那些即使最糟糕也只是让你不自在或临时有点尴尬的实验。记住:你冒的社交风险越大,你的回报通常就会越高。尽管这样,你还是会时不时地被拒绝。如果你不冒风险,你永远也不会被拒绝,但你永远也不会得到风险带给你的回报,包括关系改善、得到一个更如意的工作,以及其他可能的回报。

在表 6.6 写下你想到的可以测试引发你焦虑的想法的实验。在第一栏里写出你的焦虑想法。在第二栏里,设计一个小实验,用来测试该想法的真实性。

表 6.6 你自己克服焦虑的行为实验

引发焦虑的想法	行为实验

122

你可以在网上获取行为实验的例子。行为实验是最有效的认知疗法策略，因为该方法是让患者通过亲身体验了解自己的想法不会成真。第 7 章和第 8 章将会探讨通过暴露疗法让患者直面恐惧情境或感受。事实上，暴露于自己所惧怕的情境其实就是一种行为实验。通过反复把自己暴露在自己所恐惧的情境之中，你会明白你所担心的事情通常情况下并不会成真。

关注自身能力

如果你倾向于把注意力放在性格和外表的小缺陷上，你极有可能会感到焦虑。例如，如果你认为每个人都通过观察你的手是否在发抖来评价你，那么你在手发抖时就更容易感到紧张。与之类似，如果你认为每个人都会因为你在演讲时脑子短路 10 秒钟而批评你，那么你在做演讲时就会很紧张。尽管我们会时不时地评价和批评其他人，但人们不会因为某些你认为的特别举动而注意到你并对你做出评价。

人们对他人的判断基于许多不同的维度，包括外表（如身高、体重、头发的颜色和发型、五官、衣服、鞋子等）、智力（语言能力、解决问题的能力、冷门知识等）、技能（把工作做好的能力、计算机技能、修理家中物品的能力）、工作习惯（准时上班、努力工作、不长时间请假的倾向）、运动能力（打网球水平、身体素质、体能）、创造力（音乐或艺术天赋）、健康习惯（如饮食、锻炼、吸烟、饮酒）、健康状况（存在医疗问题）、社会地位（家庭类型、收入水平、工作性质）、情绪（高兴、兴奋、悲伤、愤怒、恐惧）和个性（慷慨、有同理心、自信、礼貌、傲慢）等。

我们中的大多数人会在某些方面远远高于平均水平，又在其他方面远远低于平均水平，并且在大多数方面都处于平均水平。一个人在某一特定方面对你的批判程度可能取决于他对这一方面的重视程度。虽然有些人可能会批评你看起来很紧张，但很可能大多数人都不在乎。事实上，我们有很多方面是人们根本没有注意到的。需要证据吗？在网上搜索"The Door Study"，这段视频是我们所知的最好的演示之一，它将使你明白人们并不像你想象的那样关注你！

如果你认为别人只关注你认为自己低人一等的地方，那么你在其他人面前还是会感到焦虑。因为天性使你关注那些你以为不如别人的地方，你需要经过训练才能意识到你在某些方面出类拔萃抑或与他人实力相当。作为开始，将你的长处列在下面将对你有很大的

123

帮助。

站在他人的角度想问题

想要改变自身刻板的过于严格的标准，一个行之有效的方法便是从他人的角度来看待引发焦虑的情况。若情况颠倒，一位亲密的朋友在做完演讲后向你寻求建议和支持，那该怎么办？如果你朋友的想法与你处在那些令人感到恐惧的社交或表现情境中的想法一致时，你会说些什么？

例如，如果你的朋友对你说："我把演讲彻底搞砸了。我的声音在颤抖，有那么一秒钟我甚至脑子短路了。我敢打赌，我看起来就是个不折不扣的大傻瓜。"如果你既想支持他，又想实话实说，你该怎么回答你的朋友？你可能会这样说："你可能比你想象中做得好多了。就算你看起来很紧张，人们可能也不会注意到。"或者，你还可能会这样说："我在演讲时也会很紧张。那一刻我感觉糟透了，但过了就好。"

挑战别人的焦虑想法比挑战自己的焦虑想法容易多了。因此，我们建议你尝试解决自己的负面想法，你要从心理上跨出这一步。想象一下其他人（这个人可以是你的挚友或家庭成员）在经历这种焦虑时的情境。你会怎样和这个人沟通？站在你好朋友的角度看问题可以有效地帮助你转变自己的想法。

另一个行之有效的转变想法的方法就是想象你会怎样评价其他和你一样有焦虑表现的人。例如，如果你担心其他人会因为你的声音颤抖而批评你，你可以问问自己："别人声音颤抖时，我会批评他们吗？"你不太可能会因为别人在社交场合中表现得有那么一点羞怯或焦虑就认为他能力差、愚昧，或不堪一击。那么，别人也不会因为这样的原因就批评你。他们几乎不可能对你做出这样苛刻的评价，他们可能根本没注意到你很焦虑。

第三种改变想法的策略是问问自己那些不焦虑的人会如何解读你所恐惧的情境。例如，如果你认为应该回避任何可能会引起焦虑的聚会，你可以问问自己那些不焦虑的人是怎么看待这样的情境的。你甚至可以想象一下某一个特殊的人（如一个朋友、亲戚、伴侣或治疗师）会怎样看待这一情境。

总结,转变想法要问自己以下三个问题:

- 若我的好朋友或亲戚有与我相似的想法,我该对他说些什么?
- 我应该怎么看待和我有相同行为(手抖、出汗、犯错等)的人?
- 不焦虑的人会怎么看待这样的情境?

权衡你的想法和预测要你付出的代价与收益

我们在本章中讨论到,关于社交和表现情境引发焦虑的想法和预测往往夸大其词,充满偏颇(这是选择性关注和记忆引起的),或者从根本上就是错的。有时,我们的想法可能是对的,但仍然毫无用处。最后,我们从未去探究过这些引发焦虑的想法是否正确(如我们这些作者可能永远不会知道你是否喜欢这本书)。所以,除了评估你的想法是否正确以外,你还需判断你的想法和行为对你是否有帮助。如果有,就坚持;如果没有,就改变。

几乎每个人都想给别人留下一个好印象,没有人会故意让自己看起来无能、愚蠢和羸弱。事实上,许多社交焦虑患者的焦虑想法和那些没有社交焦虑的人的想法差不多。许多想法,例如"被他人喜爱很重要"以及"给别人留下好印象很重要"都是好的想法,并且大多数人在小时候就已萌生了这种想法。给别人留下好印象有助于我们结交朋友,在工作中得到提拔以及给老师留下深刻的印象。事实上,在生活中获得荣誉往往有赖于给他人留下积极的好印象。

然而,过度社交焦虑往往是因为人们过于关注他人的意见——这种倾向干扰了你的正常生活,实际上有可能导致你给别人留下负面印象,尤其是在你杜绝重要社交场合的时候。问题在于,引发社交焦虑的想法并不就是错的(尽管有时可能是错的),而是因为他们往往是被夸大且不可逆转的。例如,如果"我要给别人留下好印象"这一想法促使你在工作中表现优异,那么这就是好的,如果这一想法让你感到麻木且无法完成任何工作,那么它就是个问题。

除了评估焦虑想法和预测的正确性,还需考虑这一想法和行为是否对你有益。在下文中,我们为你留下空间记录训练。如果你不确定某一焦虑想法是否正确,你可以尝试评估持续深陷于此付出的代价与收益。如果你没有这一想法,你的生活质量会有怎样的提升?

描述你的焦虑想法或预测:

_____

_____

写下该想法或预测对称有利的方面:

_____

_____

写下该想法或预测对称不利的方面:

_____

_____

理性应对陈述

在你最焦虑的时候,你会发现你的注意力完全集中在试图渡过难关上,几乎不可能进行有逻辑的思考,此时很多应对策略都没有用,但理性应对陈述相对容易,它不需要运用逻辑分析,比如检查证据,评估利弊。理性应对陈述,如下所示,是可能帮你对抗负面想法的简短句子:

- 如果_____不喜欢我,是可以解决的。
- 在别人面前脸红可以理解。
- 无端的恐惧会让人不舒服但并没有危害。
- 在演讲时看起来很焦虑可以理解。
- 人们没有发觉我的手在抖。

在身边放几张写有应对陈述的卡片,或在手机上存几条应对陈述会对你很有帮助。当你处在让你焦虑的情境中时,或当你需要对抗焦虑想法时,你可以轻松获得。

记住,认知疗法的目的是让你能现实且灵活地思考,而非积极思考。所以,这一类应对陈述,例如"每个人都喜欢我"或"我不会感到焦虑"是不会起作用的。像"被每一个人都喜欢不可能,所以有人不喜欢我也是可以理解的"和"我可能会焦虑,但这并不是世界末日"这样的想法就更实际。你可以利用本章讲述的技巧来制作应对陈述。例如,采用你在检验证据后获得的理性结论。在下方,记录五条与你想法有关的理性应对陈述。

1. _____

2. _____

3. _____

4. _____

5. _____

记录社交焦虑想法

在本章中,我们收录了多种形式的表格和日记,用以挑战焦虑想法。本节我们提供了一个更为常见的社交焦虑想法记录表,你可以在感到焦虑的时候使用它。每当你在社交场合中感到焦虑时,你都可以使用这个表格。本章中的其他表格是为使用某个特定的策略而设计的(如检测证据、克服灾难性思维等),而与之不同的是,社交焦虑想法记录表可与大多数认知策略配合使用。

记录和改变你的社交焦虑想法,使用哪种记录表并不重要。你可以使用本章提供的表格,也可自己设计。本章中提供的日记形式只是一个建议,主要目的在于帮你养成关注自己的焦虑想法并积极尝试挑战它们的习惯。一旦新的思维方式成为你的第二天性,就没必要再把想法记录在纸上了。同时,我们建议你在每次遇到令人恐惧的社交或表现情境时使用某些日记类型或表格,至少一周两次。完成表格的最佳时间是在参加活动之前(让自己做好思想准备),或在活动刚刚结束之后(用来挑战在刚才情境中出现的焦虑想法)。表6.7是一个完整样本,表6.8是一个空白表格。

表 6.7 社交焦虑想法记录表样本

日期和时间	情境	引发焦虑的想法和预测	前焦虑度 (0~100)	替代性想法和预测	证据和现实结论	后焦虑度 (0~100)
4月3日，下午2点	工作会面	我会说些蠢话，人们会认为我是个傻瓜	90	我会说些明智的话。我说的话既不愚蠢也不明智。一些人会认为我很聪明，一些人会认为我说了什么，不管我说了什么，都不会影响同事们对我智商的已有看法。	老板叫我在会议上发言，所以她一定为我有值得说的话。每个人都会时不时地说些蠢话，所以说蠢话也没有理由认为我就不该说蠢话。就算我说了蠢话也不会发生什么可怕的事情。屋子里的每个人都已经认识我了。即使有人认为我是个傻瓜，那也不会是世界末日。	50
4月5日，下午7点	和朋友晚餐时，我的手在发抖	朋友会注意到我的手在发抖。他会认为我很紧张，而且目将其看作一种懦弱的表现	70	也许朋友不会注意到我的手在发抖。即使他注意到了，也不一定就认为我是因为焦虑。即使他认为是因为焦虑，也不一定就认为这是懦弱的表现	我们已经是多年的朋友，他知道我有时候会紧张，而他还是愿意和我待在一起。有些让他紧张的情境就不会影响到我（他害怕坐飞机）。因此，在某些时候，我的手有权利发抖	45

128

情境			
到商场退商品 4月7日，下午3点	收银员会认为我很蠢，因为我买了这个东西。我解释不清我想干什么。收银员不会给我退这个商品，而我将不知道该怎么办	收银员不会认为我很蠢。我可以向他解释我想要做什么。收银员会同意我退这个商品。即使我很紧张，我还是可以应对这种情况	我以前到商场退过东西，每次都能成功。因此这次很可能也行。在30天以内是可以退货的，因此我有这个权利。即使我很紧张，收银员也没有权利拒绝我退商品的要求。如果我想不出要说的话，我可以慢慢想，直到我想好要说的话
	70		20

表 6.8 社交焦虑记录表

日期和时间	情境	引发焦虑的想法和预测	前焦虑度 (0～100)	替代性想法和预测	证据和现实结论	后焦虑度 (0～100)

130

第一栏：日期和时间

记录日期和时间。

第二栏：情境

描述引起你焦虑的情境。下面是一些典型的例子：

- 公开演讲。
- 参加会议。
- 地铁上有人一直看着我。
- 和同事共进午餐。
- 我脸红了。
- 在老板面前我的手发抖了。
- 参加聚会。
- 要在班上做一个口头读书报告。
- 被介绍给我姐姐的新男朋友认识。
- 相亲。
- 有人在推特上给了我差评。

第三栏：引发焦虑的想法和预测

列出由第二栏所述情境导致的焦虑。通常，这些想法都是对危险、尴尬等情境的预测，而且往往会自发或几乎无意识地发生。识别这些想法需要下一番功夫。尝试抓住每一个具体的想法。诸如"有些不好的事将会发生"之类的想法太过模糊。以下是一些具体的焦虑想法的例子。

- 人们会注意到我脸红了,他们会认为我很奇怪。

- 人们会注意到我很紧张。

- 我会出洋相。

- 人们会认为我是一个十足的傻瓜。

- 人们会认为我真的很蠢。

- 人们会认为我很丑。

- 如果我表现得另类,就会被欺凌。

- 我得离开这里。

- 我既无能又笨拙。

- 我在脸书上会被批评。

- 我得喝点酒,这样我才能舒服些。

- 人们总是能够猜透我的心思。

- 焦虑是软弱的象征。

- 人们认为我很无聊。

- 人们不会喜欢我。

- 我没什么好说的。

第四栏:前焦虑度(0～100)

在你的焦虑想法出现之前,用0～100("0"表示零焦虑,"100"表示极度焦虑)来划分你的焦虑等级。

第五栏:替代性想法和预测

记录你的替代性想法和预测。例如,如果你坚信人们会因为你脸红就觉得你很奇怪,那么其替换预测就可能包括:①没人注意到我脸红;②注意到我脸红的人可能会觉得我很热或是我有点不舒服;③注意到我脸红的人根本不会多想什么。

第六栏:证据和现实结论

思考一下引起你焦虑想法的证据和你的替代性想法的证据。例如,如果你害怕脸红,你可以记录下你的观察:大多数人没有提及他们注意到了你脸红,就算他们确实注意到了你脸红,他们还是很高兴和你在一起,他们还是会很好地对待你。在这一栏里,基于这一证据,你应该也记录下这一实际结论。例如,你可能会写道:"很多人似乎都不会注意到我脸红,就算某人注意到了,除了我当时感到尴尬之外,也不会有什么别的后果。"

第七栏:后焦虑度(0~100)

在引起你焦虑的想法出现之后,用0~100("0"表示零焦虑,"100"表示极度焦虑)来划分你的焦虑等级。

认知策略和治疗计划有机结合

本章所探讨的认知策略技巧并不是单独使用的,而是作为综合性治疗计划的一部分,包括暴露于你所恐惧的情境之中。我们将在第7章和第8章讨论暴露疗法。我们建议你在开始实施暴露疗法之前,先做几周认知技巧训练。学着通过改变想法来适应自身恐惧的情境。除了暴露疗法和认知疗法之外,你还可以采用药物疗法(见第5章),正念与接纳疗法(见第9章)以及社交技巧训练(见第10章),这都取决于你的个人需要和偏好。

给重要的人、朋友及家人的一些话

如果你正和你所爱的人一起努力,帮助他克服社交焦虑,你可以通过冷静且有条理地与你所爱的人分析他害怕的情境,帮助他将焦虑想法转变为更加现实的想法。这个过程需要以一种永远支持对方的形式进行。你也要小心,不要让你所爱的人被这些焦虑的想法打倒(毕竟我们每一个人都会有不理性的想法)。你也要小心,不要告诉你所爱的人应该怎么想。

让对方基于事实证据得出自己的结论。最后,你要记住,你的职责是支持你所爱的人,而不是喋喋不休地逼迫你所爱的人转变想法,或与其争论怎么解读焦虑想法。你和你所爱的人应该讨论他希望你扮演怎样的角色,以及你怎样做才能帮助他做出改变。

疑难解答

你可能会发现采用认知技巧极具挑战性。以下是一些常见问题,以及一些解决办法,建议以及支持的话。

问题:我很难识别自己的焦虑想法。

解决方法:问自己一些问题,例如"_____大概会怎么看我呢"以及"我认为在这种情况下会发生什么呢",如果在回答完这些问题之后还是不能确定你的焦虑想法,那么当你亲临这种情境时,试着探测自己的想法。如果你无法识别具体的想法和预测,不要担心,你仍可以从第7章和第8章探讨的暴露疗法中获益。

问题:我很难相信替换性的、更加理性的想法。

解决方法:有时,当人们初次使用认知技巧时,它会显得很浅薄。随着时间的推移,它会变得越来越可信。如果不是,那么暴露疗法(见第7章和第8章)则是转变引发焦虑的想法最有利的方法之一,该方法可能会对你有帮助。有时,通过在恐惧情境中经历的第一手经验来改变焦虑想法,比简单地试图换一种想法有效得多。

问题:在社交情境中,我非常焦虑,甚至都不能清晰地思考,所以认知策略不适合我。

解决方法:试着在你进入这个情境之前使用认知策略。如果这还不现实的话,在你进入这个情境一会儿之后,甚至当你离开之后(你的恐惧应随着时间而减退),试着使用一下这些策略。

问题:我不想费心填写这些监控表,我看这个就犯迷糊,而且填表又花时间。

解决方法：你可以通过很多方法学习本章提到的这些技巧。这些表格和日记是为了让学习的过程变得更加容易。然而，如果它们妨碍了你使用这些策略，你可以试着制作一个更简单的表格（例如，你可以使用一个两栏的表格——一栏用来记录你的焦虑想法，另一栏用来记录你的替代性想法）。又或者，你可以忘掉这些表格和日记，而只使用你学到的技巧。

结　语

本章包含了大量识别和改变焦虑想法的策略和建议。为了更有效地运用，你需要训练并坚持使用这些认知技巧来应对你的社交和表现焦虑。大体上讲，使用认知策略包括以下几个步骤：

- 识别对焦虑的想法、预测以及解读。

- 使用本章描述的技巧（如检验焦虑想法的证据、站在他人的角度想问题、权衡你的想法和预测要你付出的代价与收益，以及进行行为实验等）检验焦虑想法、预测以及解读的效度。它们是真实的吗？例如：别人真的会认为我很_____吗？

- 检查灾难性思维、预测以及解读的效度，问自己这样一个问题："如果我的焦虑想法、预测以及解读是真的，又会怎么样呢？"例如："如果一小部分听众真的认为我的演讲很糟糕，会怎么样呢？我该怎么处理呢？"

- 使用社交焦虑想法记录表来识别并挑战你记录下来的想法。

第7章
通过暴露疗法直面社交恐惧

第6章为读者介绍了一系列详尽的认知策略,这些认知策略对改变人们的焦虑型思维方式十分有益。上述认知技巧都包含同样一种观点,那就是学着从不同的视角看待社交和表现情境:第一,尽可能地拓宽你对某种特定的社交情境所抱有的固有观念和既定认知;第二,在确认你的某种特定想法真实可靠之前,要充分考虑各种证据。

本章将介绍一系列的技巧,对改善你包含焦虑想法与感觉的行为非常有用。从本质上来说,这些技巧就是让你置身于你所恐惧的情境之中,从而使你直面恐惧。本章开篇将会回顾一下那些使人产生社交焦虑的行为,并简单总结一下能改变这些行为的方法和策略。本章余下的部分则会更加详尽地介绍暴露疗法的基本原理以及实施暴露疗法的最佳方式。

第8章直接依照本章所述的内容更加深入地介绍了暴露于社交情境和恐惧情境的方式。在你实践了第6章所述的认知疗法后,可以进行本章和第8章所述的训练。我们建议你先阅读本章和第8章,并在阅读本书其他章节之前进行至少3~5周的暴露训练。

导致社交焦虑的行为

趋利避害是万物所遵循的法则。回避引起恐惧、痛苦或不适的情境是避开潜在危害的一种方法。从短期来看,避开已感知到的威胁是防止产生上述感受的有效方法。然而,逃避那些让你焦虑的情境、物体和感觉会让这种恐惧成为你长期的困扰。你回避的社交情境产生负面结果的可能性往往比你想象的低得多。实际上,从长远来看逃避产生的弊远大于利。

害怕坐飞机的人担心飞机坠毁,但数据显示,死于空难的风险指数几乎为零(根据某些资料显示,大约是千万分之一的可能性)。也就是说,不管你坐不坐飞机,遭遇空难的可能性几乎是完全一样的(都接近于零)。因此对于公开演讲、参加派对以及其他社交情境而言,道理也是一样的。事实上,真正出现威胁或危险的可能性通常要比社交焦虑症患者想象的小得多。而长期逃避社交情境所造成的后果要比你直面这些社交情境所冒的风险严重得多。

置身于自身所惧怕的社交情境,亲身体验所畏惧的生理感受,从长远来看,会强有力地证明逃避既没有必要,又没有用。直面你的恐惧,你会发现所谓的焦虑想法和解读并不正确或者有夸大的成分。此外,因为你有更多的机会去练习各类社交和表现技巧,你的社交能力还会因此得到提升。换句话说,你不但会在闲聊、演讲及解决争端时变得更加自如,你还会游刃有余地驾驭和掌控那些难以应对的社交情境。

这里我们将回顾一下焦虑行为的三种主要类型。每一种都是潜在的有害行为习惯,因为从长远来看,它们会阻碍你减轻恐惧的进程。这些焦虑行为包括:①回避自身惧怕的社交和表现情境;②回避恐惧的生理感受;③微妙回避策略和安全行为。

回避自身惧怕的社交和表现情境

回避社交和表现情境,例如公开演讲、与人攀谈、出席会议、与人约会以及到健身房锻炼,会妨碍你认识到一个事实,即这些社交情境是安全的,你的焦虑和恐惧是没有根据的。而提早逃离这些情境(如才参加一个派对几分钟便要离开)会对你的恐惧产生负面影响,并强化你的一种感觉,即置身于这个情境会使你感到恐惧和不自在,而离开这个情境,你就会感到轻松,恐惧也得以缓解。事实上,尽管社交场合会引起你的恐惧,但它同时也会减轻这种恐惧。尽管你可能需要很长的时间去克服恐惧并适应这样的情境,但从长远来看置身于情境之中会为你带来很大的益处。在恐惧情境中一直待到你的恐惧感消失为止,你将会发现原来你可以自如地应对这些场景。

回避恐惧的生理感受

除了回避某些情境之外,你可能还会刻意回避自己的某些生理感受,尤其是在社交情境中。你和亲戚朋友吃饭时,可能会回避吃一些辛辣的食物,因为这些食物可能会使你脸红。或者你可能会在公共场合讲话时回避穿厚衣服,以免出汗。然而回避像出汗和脸红这样的生理感受却恰恰会强化你的这种认知，即这些生理感受和感觉是很危险的。如果你害怕在人前经历某些特定的生理感受，那么你很可能发现去亲身体验这些感受反倒会使你更加自在。而这样做的目的就是使你认识到，像发抖或是心跳加速这些使你惧怕的生理感受，并非恐怖万分，充其量也就是轻度的不适罢了。贯穿本章，我们所讨论的基本原理都是有关如何克服对某些生理感受所产生的恐惧。而关于如何克服这些恐惧的具体训练，我们将在第 8 章进行全面详尽的介绍。

安全行为

安全行为是人们用来应对引发焦虑的情境时所采用的策略。尽管回避个人所害怕的情境从技术层面上来说也属于安全行为，但我们用该术语来形容更为微妙的减少焦虑或防止危害的策略。安全行为与完全回避个人所害怕的情境不同，它包括更加微妙的回避，或部分回避社交情境。通常，这些行为不容易引起他人的注意。事实上，这些策略可能微妙到自身都无法意识到它们的存在。与更加明显的回避技巧一样，学会消除这些微妙回避行为有助于你克服恐惧。去掉自行车的辅助训练轮胎是学会骑自行车非常重要的一步，丢掉拐杖是受伤后重新学习走路的关键一步，以此类推，减少使用安全行为对克服长期恐惧而言十分重要。

一下子就放下所有安全行为并非明智之举。在一些案例中，该做法在暴露疗法早期可能会有用。然而，我们依旧建议患者在增加训练的过程中不断减少使用安全行为。我们在下方讨论了一些微妙回避的具体事例。

（1）**分散注意力**。分散注意力就是逃避那些使你焦虑的想法和感觉，将自己的注意力集中在那些使你感到更加轻松的想法或事物上，或是让自己一直忙于一些分散注意力的活动。例如，当你参加派对时，你可能会主动要求去帮忙准备食物和饮料，这样你就能使自己手边一直有事做，而你的注意力也会从你的焦虑感上分散开来，但如果你不这样做的话，焦虑感便会出现。再例如，当你处在公共场所中时，你可能总是戴着耳机来分散自己的注意力，以此回避与他人的目光接触或是担心别人会怎么看自己而引起的不安和焦虑。这种分散注意力的方法可能会使你在社交和表现情境中感到轻松自在一点，但长时间地使用这种方法来回避你的焦虑与恐惧却会妨碍你认识到，即使不依赖微妙的回避策略，你还是有能力驾驭这种情境的。

（2）**过度保护行为**。过度保护行为是指在自身所惧怕的情境中，为了增强自身安全感而做的一些小事情。例如：

- 用浓妆或高领毛衣来掩饰脸红。
- 盯着手机看，避免与他人眼神接触。
- 参加派对之前事先了解还有哪些客人要参加。
- 通过戴手套来掩饰手发抖。
- 做演讲时坐在讲台后面或倚着讲台。
- 在灯光昏暗的餐厅吃饭，使约会对象察觉不出你的焦虑。
- 通过戴墨镜来避免目光接触。
- 总是和朋友一起参加社交场合，以此回避与不熟识的人说话。

在设计暴露训练时，试着消除这些微妙保护行为是非常重要的。

（3）**对感知到的缺陷过度补偿**。过度补偿，顾名思义，就是对自己感知到的缺陷不仅要弥补，而且通过过度补偿得到超乎寻常的纠正，从而使所恐惧的事情不会发生。比方说，如果你害怕在做演讲时出洋相，那么你可能会花上几天来排练并把要讲的内容背下来；如果你害怕与人闲谈，那么你可能会花上几个小时来准备交谈的话题并为你可能会谈到的内容进行排练；如果你害怕自己看起来没有吸引力，那么你可能会花大量时间和精力去做头发、选衣服或是去健身房健身，使自己看起来更有魅力。而在多数情况下，无须花费这么多努力你也能做得很好，所以还是把时间和精力花在其他事情上吧。在设计暴露训练时，要避免出现过度准备或是过度补偿的倾向。例如，与其花上几个小时来记忆一段演讲稿，不如尝试着让自己用最少的精力来准备（当然还是要充分）。

（4）**过度检查和寻求肯定**。过度检查指的是花费过多的精力去确定他人对自己是否持有积极的看法。寻求肯定指的是寻求他人对自己表现和外貌的肯定。所有人都会时不时地自我检查，如在派对上反复照镜子，向同事询问是否喜欢自己的演讲等。事实上，我们建议你时常检查他人对自身以及自身行为的看法。自我检查和寻求肯定有利于检测你的自身想法。然而，这种行为也要适度。

偶尔进行自我检查对人有益,但经常进行自我检查就可能有害。经常寻求他人对自身表现的肯定就像一有小毛病就去看医生。从不去看医生可能会让你患上本可以预防的重大疾病,但为了一点小病小痛就一个星期跑几次医院可能会适得其反。你的医生可能不再会尽心尽力地对你,甚至可能还会抱怨你,还有可能会劝你先治好你的健康焦虑症。长期寻求他人对自身社交表现的肯定往往也会适得其反,导致你不愿意面对的局面,即人们对你产生反感。更重要的是,就像其他的安全行为一样,由于寻求肯定让你自身无法直面真实想法,从长期来看,它反而会增加你的焦虑。

(5)**物质滥用**。物质滥用表面上会减轻你在社交和表现情境中的恐惧,但实际上却是在破坏暴露训练的效果。要使暴露训练有所成效,体验一定程度的恐惧是十分重要的。就算不用药或饮酒,处在特定情境中所产生的个人恐惧也会自然消失。然而通过使用这些物质来避免恐惧感就会让你无法意识到这一点。所以,当你设计暴露训练时,我们建议你在训练过程中不要喝酒或使用其他药物。如果你想在派对上喝上一杯的话,那么尽量等到你的恐惧有所减缓之后再喝吧。

暴露训练的步骤指南

任何基于暴露训练的治疗方案主要包括以下几个步骤:初步评估、设计适合自己的训练、实施训练以及长期保持所取得的进步。

初步评估

要设计有效的暴露训练,你需要知道如下信息:①自身恐惧和回避的情境;②影响你恐惧程度的其他因素。我们已在第3章中讨论过自我评估和变量因素的问题。你可以在暴露训练开始前回顾相关章节的内容。

设计适合自己的训练

在设计你的暴露训练时,首先要制订一个暴露情境等级表。暴露情境等级表就是将自身惧怕的情境按照难易程度排序、划分等级：将恐惧度最小的情境放在等级表的最下方，将恐惧度最高的情境放在等级表的最上方。情境暴露等级表可以让你从较为轻松的训练开始进行，并逐步过渡到更难的训练。第 8 章将介绍一些具体的等级划分范例，并指导你建立适合自己的暴露情境等级表。

实施训练

一般来说，暴露训练是从较易掌控的情境训练开始的，然后再逐步过渡到更为困难的情境训练。当你能够更加自如地应对恐惧情境时，你就该回避使用上文所提到的安全行为了。接着，在经过数周的情境暴露训练之后（请参阅第 8 章），再增加一些个人恐惧感受或场景的暴露训练会更有效果。例如，你可以故意在进行演讲时穿厚衣服并引起流汗。

暴露训练要提前规划并时常进行。实施暴露训练的方式将决定该训练是否会产生效果。若使用不当，暴露训练会增强你的恐惧感。本章后文将为你讲解如何进行暴露训练才能最大化地降低恐惧感。

长期保持所取得的进步

要保持你所取得的进步，很重要的一点就是，即使你的恐惧已有所减轻，你还是要继续进行暴露训练。这些策略我们将在第 11 章详细介绍。

暴露训练的类型

本节将讨论五种不同的暴露训练：①情境暴露训练；②情境角色扮演；③想象暴露训练；④症状暴露训练；⑤虚拟现实暴露训练。

情境暴露训练

情境暴露（也称生活暴露）指的是将自身暴露于引发焦虑的现实情境之中。要克服社交和表现焦虑,进行情境暴露训练不可或缺。换而言之,如果你想更加自如地进行公开讲话、与陌生人会面或与同事共进午餐,那么就有必要对这些社交活动进行一定的训练。第 8 章将为你提供更多关于使用暴露训练来克服社交和表现焦虑的例子。

情境角色扮演

情境角色扮演指的是在朋友、家人或训练师的帮助下,在特定的情境之中进行训练。例如,在你进行真实的工作面试之前,你可以同他人进行情境角色扮演训练,由他人担任面试官,你担任接受面试的人。或是在你进行演讲训练时邀请你的家人或朋友担任听众。情境角色扮演是一种很有效的训练方式,尤其是在真实情境不真实或过于恐惧的情况下。

想象暴露训练

如果你害怕置身于现实生活中的情境,你可以将想象暴露训练当作进入真实情境的跳板。例如,如果你打算邀请某人出去约会,你可以先考虑进行想象暴露训练。当你在想象的情境中变得更加安心时,尝试真实的情境对你而言就会变得相对容易一些。此外,当真实情境不切实际或难以进行时,想象暴露训练,也就是在你脑海中假设的情境进行训练,就体现出了它的优势。打个比方,如果你必须在 200 人面前进行演讲,那么在 200 人面前进行预先排练明显不切实际。

想象暴露训练可以采取不同的形式进行。例如,你可以大声地反复描述你所惧怕的情境(时间在 20 ~ 30 分钟为佳);你也可以写下自身惧怕的情境然后再反复朗读,或反复听录有该情境的音频。无论你使用什么方法,我们都鼓励你全身心地想象你所惧怕的情境。例如,如果你打算想象做演讲的场面,那么请你同时设想你所看到的情境(如你的观众是不是觉得你的演讲很无趣)、所听到的声音(如观众是不是在你演讲时大声喧哗)以及你所感受到的东西(如房间是不是很暖和,你的心跳是不是在加速)。

初步研究表明,一种新疗法想象重写(IR)可以有效降低童年的负面记忆(如社交排斥)的影响(Frets, Kevenaar, van der Heiden, 2014;Reimer & Moscovitch, 2015;Wild & Clark, 2011)。尽管 IR 的进行方式不同,但治疗社交焦虑的最佳方案包括三个阶段(Wild & Clark,

2011）。在第一阶段,患者以童年的视角想象创伤记忆。在第二阶段,患者从现实角度出发想象这段记忆再次发生的场景。最后,在第三阶段,患者再次以童年视角想象该情境,并以现在的身份为孩提时的自己提供支持,表达同情心并以成人视角进行分析。每一次训练至少进行 45 分钟,并将三个阶段都包含其中。此外,治疗师还需要在介绍 IR 策略前教会患者认知技巧。关于 IR 的研究有限,且均是基于有治疗师协助的暴露训练,还没有关于自我训练的研究。尽管判断 IR 是不是治疗社交焦虑行之有效的方法还为时尚早,但其前期研究结果还是相当乐观的。

最后,在有可能的情况下,我们建议所有社交焦虑患者都进行情境暴露训练,而非单纯的想象暴露训练。尽管这两种训练都能有效降低恐惧感,但真实情境暴露训练有两大优势:首先,一些患者无法通过想象自身所恐惧的情境来引发真实的恐惧感;其次,有证据表明真实情境暴露训练对降低恐惧感更有效果(Emmelkamp & Wessels, 1975)。

症状暴露训练

一些有社交焦虑和表现焦虑的患者可能会受益于将自身暴露于所恐惧的生理感受或症状之中。症状暴露(也称感觉暴露)指的是刺激特定的生理感受(如故意穿厚衣服让自己出汗,或在楼梯上跑上、跑下让自己心跳加速)。如果你在焦虑时不会担心自己的生理感受,那么你就可以不进行症状暴露训练了。然而,如果你会因为流汗、发抖、脸红、心跳加速或其他情况而感到害怕,你就会发现这种训练很有效。在治疗社交焦虑的过程中,症状暴露训练通常是和情境暴露训练结合进行的。这样做可以在你进行情境训练的过程中连带产生你所恐惧的生理症状。第 8 章提供了更多关于症状暴露训练的信息。

虚拟现实暴露训练

虚拟现实暴露训练通过电脑制作的三维图像来使患者暴露于他所恐惧的情境之中。到目前为止,已经研究的情境包括恐飞、恐高,以及其他各类恐惧情境(Meyerbröker, 2014),但仍然需要大量其他方面的研究(McCann et el. , 2014)。公开演讲恐惧是社交焦虑领域研究最多的方面(例如, P. L. Anderson et el. , 2013;Bouchard et el. ,2017)。在虚拟现实暴露训练中,客户佩戴头戴式显示器,屏幕上会显示客户恐惧的情境。此外,客户还能通过耳机听到声音。头戴式显示器含有一个方向检测器,它可以判断客户在朝哪一个方向看,屏幕上的图像就会根据客户头部的移动而变换。它为客户提供了沉浸于三维世界的体验。例如,如果图像与公开演讲有关,那么该客户就会在目光直视前方时看到台下的观众。如果她向上看,她就会看到天花板,如果她向后转,她就会看到虚拟屏幕上幻灯片正在划动。

虚拟现实治疗并不是广泛使用的自我治疗方法。然而,全球各地都有提供经有经验的虚拟现实治疗师所协助的虚拟现实治疗。你可以从 Virtually Better 的网站上获取更多信息。该公司面向治疗师售卖虚拟现实软件。此外,你还可以在网上观看如何通过虚拟现实暴露训练治疗公开演讲恐惧的视频,并观看公开演讲环境的虚拟视频。随着虚拟现实的适用范围越来越广,我们期待通过更加灵活地使用这项技术来治疗社交焦虑以及其他与焦虑有关的问题。

暴露训练是如何见效的

许多认知行为研究者和治疗师认为暴露训练是通过给患者提供机会来检验自身恐惧想法、预测以及解读的真实性来起治疗作用的。在第 6 章中,我们已讨论了通过行为实验来挑战焦虑想法和预测的作用。重复性的暴露训练也可以被看作一种行为实验。当你一次次地将自己置身于所恐惧的情境之中,亲身体验那些令你恐惧的生理感受时,你将会判断出自身对社交和表现情境的看法是否正确。

为什么以前的暴露训练没有效果

即将开始暴露训练的人可能会感到纳闷,既然以前的暴露训练都没效果,那凭什么要相信现在的暴露训练会奏效呢?原因很有可能是这样的。你在日常生活中会时不时地暴露在一些容易引发自身焦虑的社交情境之中,但大多数情况下,你的恐惧感并没有得到缓解或减轻。事实上,你的焦虑反而会因为一次次的暴露而增加。基于这些失败的经历,你可能就会对将自己暴露于社交情境中以减轻恐惧的做法产生怀疑。

有一点你必须认识到,那就是暴露训练并不是在任何情况下都奏效的。例如,先前没预料到的"暴露"很有可能会增加你的恐惧,尤其是当这一类暴露属于负面事件且产生消极结果时。想象一下这样一个场景:你很怕狗,而一条狗又在你毫无防备时突然从树后飞蹿出来朝你狂叫。这样突如其来的"暴露"只会使你对狗的恐惧感更加强烈。相反,如果你循序渐进地与邻居家温顺的狗接触的话,可能效果会完全不同,你对狗的恐惧感可能会有所减轻。

在我们的日常生活当中,暴露于自身所恐惧的情境之中通常是个人无法预料的。此外,这种日常生活中的"暴露"又总是短暂和频率较低的。上述因素与应用于认知行为疗法中的暴露训练相比,都决定了日常生活中的"暴露"对减轻社交焦虑和恐惧帮助有限。表7.1 将针对你以前所经历的"暴露"与能有效地帮助人们克服恐惧的暴露疗法之间的区别做一个简要概括。

表7.1　暴露疗法有效性的区别

以前经历的"暴露"的典型特点	暴露疗法的典型特点
以前的"暴露"通常是不可预测和不可控制的(例如,你可能会在一场不期而遇的交谈中突然不知道该说些什么;你可能会"被迫"参加你不想参加的派对)	暴露疗法是可预测并可控制的(例如,你是自愿进入一个会引起焦虑的情境来进行专门的训练,使自己能在该情境中更加自在,这样的做法并不是被人强迫的)
这些"暴露"历时短暂(例如,你进入一个情境中,感到焦虑,然后离开。这样的经历只会告诉你:当你身处该情境时,你就会感到恐惧;而只要你离开该情境,你就会感到轻松)	暴露疗法具有延续性(例如,在暴露训练中,你可以一直身处该情境直到你的焦虑有所削减或是直到你发现你所担心的结果并没有发生。这样会使你认识到你是可以直面该情境的,什么糟糕事都不会发生,而且你的焦虑最终会消失)
这些"暴露"并不频繁发生(例如,每当你感到焦虑时,你通常会选择逃避或离开,所以你并不是经常身处令你恐惧的情境中。因此,一旦你身处这样的情境中时,你所感到的焦虑与恐惧总是和第一次一样强烈,一点也没有缓解)	暴露疗法的频率高(打个比方,在暴露训练中,你会一次又一次地训练,并将这些训练结合在一起,这样暴露训练的效果就会一点点地增加)
这些"暴露"过程总会伴随着一些焦虑想法(如"人们肯定觉得我像个傻瓜""如果别人注意到我颤抖的手,肯定会觉得我很没出息")	暴露疗法包括战胜焦虑想法(例如,在暴露训练中,你会质疑并重新认识自己以前那些焦虑的想法和无谓的猜测)

以前经历的"暴露"的典型特点	暴露疗法的典型特点
这些"暴露"经历中会出现微妙回避行为(例如,分散自己的注意力、喝酒、身边带着其他人、坐在某个"安全"的位置等)	暴露疗法就是要避免使用微妙回避策略(例如,在暴露训练中,你会让自己避免使用微妙回避策略,这样你就能靠自己的力量来直面社交情境)

资料来源:摘自 Antony,M. M. and R. P. Swinson,2000. *Phobic Disorder and Panic in Adults*:*A Guide to Assessment and Treatment*. Washington,DC:APA. 引用获许可。

暴露训练过程中遇到的障碍

人们不能坚持完成暴露训练有许多原因。我们建议,在你开始暴露训练之前,首先设想一下可能会遇到的障碍和困难,然后再想办法克服它们。在训练过程中,总会有这样或那样的原因使你放弃训练。要克服这些问题,你需要不断地提醒自己继续下去的理由,不管你多么没有信心,多么没有时间,以及当你想到要直面自身焦虑和惧怕的情境时是多么不知所措,你都要坚定自己继续下去的决心。下面就列举了一些人们在进行暴露训练时拖延进度的最常见的理由。同时,我们还提供了一些相应的解决办法。

障碍 1:我的暴露训练从来没经过详尽细致的设计,因此我不知道具体该做些什么。

解决办法:在每个星期之初,全面详细地制订你的暴露训练计划。你应该清楚地知道具体要做些什么训练,在哪里进行,什么时候进行(包括具体的日期和时间)。

障碍 2:即使我做好了思想准备,但我的计划似乎从来没有真正地实现过。例如,我计划与一个朋友共进午餐,但每当我打电话约他时,他总是没空。

解决办法:一定要提前计划。让事情都留到最后一分钟才做,这件事多半不能成功。一定要准备一个备用计划。例如,如果你计划与一个同事共进午餐,一定要确保你有一个可以替换的第二方案,有时甚至还可以准备第三方案。万一你的朋友没空和你共进午餐,你还可以做些别的训练。

障碍 3:我总是忘记进行暴露训练。

解决办法:就像你安排一天中的其他事情一样,将你的训练计划安排进你的日程。腾出一段时间专门用来进行暴露训练,并且详细记录在你的日程安排表中,就像安排其他约会那样,这样你就不会忘记了。设置闹铃提醒(如在你的手机上设置闹铃),提醒你训练。如果有必要的话,你还可以请其他人来提醒你。

障碍4:一想到要采用暴露疗法,我就觉得不知所措,感到特别恐惧。

解决办法:从比较容易的训练开始。你所选择的训练活动应具有挑战性,但绝对不是不可驾驭的。若某一训练实在无法驾驭,那么就从一个看起来更加可行且相对简单的任务开始吧。在进入你所惧怕的情境之前,先使用第6章介绍的认知策略来克服你的焦虑想法。

障碍5:我实在是太忙了,连工作的时间都不够用。

解决办法:预留一小段时间专门用于社交焦虑暴露训练。如果这些时间是专门为暴露训练预留的,你就不会再觉得它妨碍了你做其他重要事情。做这些暴露训练是你为自己而做的。只要你有消除社交焦虑的决心,你就会明白你是可以省出一小段时间来进行暴露训练的。你还可以把暴露训练当作一门课程。你也许并不想去上什么课,但如果那门课程有你真正想学的东西,你总能找出时间去学习。选择那些你根据日常作息就能完成的训练。例如,你每天都要吃饭,那么你就可以选择与他人一起用餐,而不是自己单独吃饭。留出一大段的时间(如在繁忙的工作之后放自己一周的假),并利用这整段时间不断地进行暴露训练。

障碍6:我并不相信暴露训练会减轻我的社交焦虑症。

解决办法:从一个非常小的暴露训练开始,在这个过程中你不会有任何损失,但这个训练却可以用事实证明亲身体验社交情境到底是否会减轻你的焦虑与恐惧。认为暴露训练不会奏效的想法也许只是你对社交情境的一种消极想法,这些消极想法本身并不一定就是对的。检查一下你对暴露训练所抱有的想法的真实性。例如,你知道以前的"暴露"经历为什么不奏效吗?读过本章和第8章之后,你可能就会对如何确保"暴露"在训练过程中发挥作用产生一些新的观念和看法了。

障碍7:要营造我所惧怕的训练情境是非常困难的。例如,我想不出任何可以进行公众讲话暴露训练的地方。

解决办法：第 8 章介绍了大量可以进行暴露训练的情境。读一读第 8 章就能给你一些新点子。与你的家人和朋友商量商量，也许他们能帮你想出一些进行暴露训练的主意。

如何进行暴露训练

本节将为你提供一些建议，以使你能从暴露训练中获得最好的收益。这些建议包括如何为暴露训练做好准备；在设计暴露训练时需要注意什么问题；在具体的暴露训练过程中应该做些什么；以及在暴露训练结束后应该做些什么。本节列举了一些最重要的建议。

为暴露训练做好准备

提前为暴露训练做好准备很重要。如前所述，当你决定进行暴露训练之前你就要计划好这一周做些什么，同时还应做好备用计划，以防初始计划不能成功开展。计划应包括什么时间做什么事。你还需根据你的短期目标和长期目标制订自己的计划。例如，如果你的长期目标是能在一群同事面前演讲，那么在小组面前进行演讲训练就应该是你计划中非常重要的一个步骤。

在开展任何具体练习之前，我们建议你详细地预测一下在训练过程中可能会发生的事情。这样你就可以将暴露训练换作行为实验，从而去探索你的预测究竟是对还是错。在每一次训练之后，你还需要记录你预测的结果以及真实的训练结果。

可预测和可控制的重要性

正如我们前面讨论的那样，如果暴露训练的情境是可预测并可控制的话，那么该训练就会有更好的收益。因此，当你初次进行暴露训练时，最好选择那些你非常确定且自己可控制的情境进行训练。但有些情境的确是不可预测的。例如，如果你决定邀请某人约会，很明显你不知道对方会怎么回应你。遇到这种情况,你可以提前将可能发生的情境都考虑进去,把无法预料变成可预料。例如,对方可能会接受你的邀请,会拒绝你或者不明确表态(例如,对方可能不会回你的电话,或以"我也拿不准,我会再找你的"这样的借口来回应你)。你约的人可能会很热情,也可能会很冷漠或者完全没有兴趣。因此,尽可能全面、详细地预测可能发生的状况(以及你该如何回应这些状况),这样一来,无论你遇到什么样的情况,都不会感到多么意外了。

暴露训练的时长

长时间的暴露训练比短时间的暴露训练效果好。最理想的情况是你在所惧怕的暴露环境中待上足够长的时间,直到你意识到自身惧怕的状况并不会发生。在大多数情况下,你还会注意到在这样的情境中暴露得越久你的恐惧感就会越低。如果你在参加一个派对,那么尽量在派对上待几个小时。如果你在做一个演讲并且可以延长演讲时长,那么尽量利用这个机会多说一会儿吧。也就是说,你需要在自身惧怕的环境中多待一会儿,直到你的焦虑感缓解到了中度或轻度水平。然而,就算在训练过程中你的焦虑感并没得到缓解,你也能从训练中受益。

如果你的训练情境时长很短(如向陌生人问路),你可以通过反复进行这样的训练来延长情境暴露的时间。例如,如果你在商场里并打算询问美食广场的位置,那么与其向一个人咨询,你不妨向20~30个人询问同样一个问题:"请问,美食广场在哪儿?"这样你就可以把训练时长延长到一个小时及以上。训练时间越长,你的恐惧感就会逐渐减轻和缓解。

暴露频率

暴露训练的频率越高,你获得的效果也就越好。例如,一周进行一次演讲训练就比一个月进行一次演讲训练效果要好。如果训练次数是一样的,那么每天都进行训练就比一周一次的训练效果要好。换句话说,连着五天进行演讲训练要比连续五周,每周进行一次演讲训练更能减轻你的恐惧感。所以,你可以试着把你的暴露训练安排得尽可能频繁。我们建议你最好每天至少安排一小时来进行暴露训练。当你的恐惧感开始大幅度减轻时,你就可以将训练分散到几周一次甚至是几个月一次。当然这完全取决于你的实际训练情况以及该情境在你的日常生活中出现的频率。定期的训练能有效地帮你巩固通过该训练取得的成效和进步。

渐进式暴露与跳跃式暴露

暴露训练可以是渐进式的也可以是跳跃式的。跳跃式的暴露训练指的是每一个训练步骤都快速地进行，跳过一些训练步骤，有时甚至是在你还没有完全掌握相对容易的训练情境时就去尝试那些难度更大、更难控制的训练情境。例如，如果你打算进行公开演讲训练，若你采用跳跃式训练，那么你就会选择在一开始就直接在众多陌生人面前讲话，而不是在少量熟人面前讲话。

渐进式暴露指的是从较为简单的情境暴露逐渐过渡到相对困难的暴露训练。采用渐进式暴露训练的人与采用跳跃式暴露训练的人相比，可能会花更多的时间对训练过程中的每一步进行更加充分的训练，然后再过渡到下一阶段的训练。以公开演讲为例，若你采用渐进式训练，你可能会通过在亲友面前演讲或是在会议上提问来开始你的训练。当你对这些训练更加得心应手后，你才可能会尝试在一小群朋友或家庭成员前进行演讲，或在会议上进行一段较长时间的发言。最后，你才会过渡到在大量同事面前进行演讲训练。若采用渐进式训练，在熟练进行前期步骤之前，你都不会真正地在一大群陌生人面前进行演讲。

不管是渐进式暴露还是跳跃式暴露，它们都能有效地缓解你的恐惧感，产生的效果也近乎一致。然而，它们也各有优缺点。采用跳跃式训练，你能更快地看到效果，还可以节约时间。同时，跳跃式暴露快速产生的效果还能激励你更加用心地去克服自己的恐惧。这就好像快速瘦身效果能激励你更努力地健身和健康饮食一样。然而，与渐进式暴露相比，跳跃式暴露会给你带来一些不适感和恐惧，要克服这些感受通常需要极大的决心。

我们建议你根据自己的意愿来选择暴露节奏。如果你能接受更为快速的暴露训练，那么你就能更快地克服你的焦虑；如果你打算采用循序渐进的暴露训练也没关系。有时你可能会发现自己很难判断某一训练步骤的难易程度。记住，快速训练并无坏处。若某一训练很难攻克，你可以选择持续该训练，直到你对它得心应手；你也可以选择退回上一步的训练或选择其他相对容易一些的训练，然后再逐渐跨越至相对较难的训练。这几种方式都能有效地缓解你的焦虑和恐惧,并且你还可以在两种方式之间进行转换,或采取更加折中的方法。这完全取决于个人喜好以及你愿意承受多大的不适感。

在不同情境中训练

从某种程度上来说,如果你在某一特定的社交和表现情境中成功地减轻了你的恐惧,那么你在这一特定情境中取得的成功也会迁移(或泛化)到其他社交情境,并使你在这些社交情境中感到更加自在和轻松。这个过程被称为"泛化",而且研究表明,"泛化"经常是伴随暴露训练而产生。例如,如果你学会在课堂上轻松地提问,那么部分成功经历便可能会"传播"或"普及"到其他情境中,使你在工作会议上也能更加轻松自如地发言。然而,"泛化"并不会让成功经验迁移到你所惧怕的每一种情境之中。因此,要使暴露训练获得最佳效果,最好的方法就是在各种各样的场合、地点和情境下进行暴露训练。例如,如果你想更加轻松自如地与人交谈,我们建议你和同事、家人,甚至是电梯里、派对上的陌生人等进行训练。

选择有挑战但能完成的训练

如果你在进行某一训练时感到焦虑和不适,你可能会备受打击。但你完全没必要感到气馁。事实上,在进行暴露训练的过程中感到不适反而对你有帮助。这正是你进行暴露训练的首要原因。随着时间的推移,你的焦虑感会降低。一项真正成功的训练就是要你克服万难去完成训练。

在另一方面,选择难度极大又让你惊恐万分的训练毫无必要。若某一情境对你而言太困难,我们建议你选择相对容易的训练。但无论如何,一定要尝试去做点什么!

选择低风险的训练

选择那些风险程度较低的训练,这些训练除了会让你感到短暂的焦虑外不会产生其他负面后果。例如,如果你想在被别人当作笑柄或成为关注焦点时能更加自在一些,有多种安全、毫无风险的训练供你一试(例如,你可以反穿着 T 恤衫到处走,你还可以在排到付款队伍最前面时告诉收银员你忘了带钱包）。但你无须制造一些不必要的麻烦,像是告诉你的老板他是一个多么古怪的老头或是在你朋友的婚礼上大讲黄色笑话。如果你并不确定某个训练在现实生活中会产生什么样的后果的话,询问一下你信赖的、有判断力的人(朋友或家人)。

找个好帮手

在进行暴露训练时,考虑一下让一位朋友、同事或是治疗师来协助你进行训练。这个人可以帮你进行角色扮演训练(如模拟工作面试、与人闲谈),还可以在训练之后给你提供反馈意见。如果你打算邀请一个帮手来协助你进行暴露训练,那么你要确保这个人熟悉暴露训练的基本原理。你可以告诉他,作为你的帮手或是教练,该做些什么;也可以让他读一读这本书的相关章节。事实上,两种角色结合的训练往往会产生更好的效果。此外,你选择的这个人应是支持你进行暴露训练的人,并且不会在训练结果不顺利时灰心沮丧,轻言放弃。并且,这个人还不会对你施压。

让期望现实一些

不要期望你的焦虑一夜之间就消失不见。通常你可能要花好几个星期甚至数月才能看到自身情况的改善。同时,你的进步也不可能呈直线上升。你可能会发现,在某些情境中你的焦虑减轻得相当快,而在其他情境中则要花上更长的时间才能使焦虑有所缓解。你可能还会发现某些暴露训练不会对你的恐惧感产生任何效果。你甚至还会发现,有那么几个星期,你的恐惧感和焦虑感反而变得更加严重了。遇到这种情况时,一个很好的解决办法就是在暴露训练每向前推进 2 ~ 3 个阶段后就向后倒退一个阶段。

不要与你的感觉抗争

这些年来,你可能一直试图与自己的焦虑作斗争,不管用什么方法,你都想尽快摆脱它。到现在,你可能才意识到试图控制自身的感觉没什么用。事实上,试图控制焦虑反而会更加焦虑。与恐惧感作斗争就如同躺在床上反复告诉自己该睡觉了却睡不着一样。一般来说,你越想睡觉你就越睡不着。事实上,对一些有睡眠障碍的人而言,保持清醒反而是一个很好的方法。一旦他们不再挣扎着想睡觉,常常很快就会入睡。

若你任由焦虑发生而不去设法控制,你反而会在社交和表现情境中变得更加自如。这听起来似乎有些矛盾,但真的很有效。不要去努力压抑自己的感受,就让他们自然发生。与其批判自己的经历(如"在其他人面前出汗很难堪"),不如坦然接受。在进行暴露训练时,观察你的反应和体验,不做任何评价。不极力摆脱自身的恐惧感,反而会使这种感觉消失得更快。我们在第9章中讨论了接受焦虑并拒绝压抑的具体策略。记住,焦虑感产生的最糟糕的结果充其量就是让你感到短暂的不适。感到焦虑并不可怕,焦虑总会消失的。

避免安全行为

如本章前文所述,在社交和表现情境中要避免使用微妙回避行为或安全行为来增加自己的安全感,这一点十分重要。例如,如果你总是将手放在屁股下面,认为这样别人就不会注意到你的手在颤抖,那么你完全可以把手露出来;如果你在与他人交谈时总是避免谈及自己,那么你可以和他人交流一下你的兴趣和见解。你还可以谈谈你最近看的书籍和电影。如果那是一本畅销书或是一部热卖的电影,并且你又很喜欢它,那么你可以试着用你对它的热情去感染对方;如果你不喜欢这本书或这部电影,你也不要隐藏自己的观点。大胆表达自己的想法并且抓住机会参与一场激烈的讨论。

避免采用像过度准备演讲稿、在派对上借酒壮胆以及化浓妆来掩盖脸红一类的安全行为,从而让你意识到,即使没有采用安全行为,社交情境也是可以控制的。

结束一个训练再进入下一个训练

在你的恐惧感降低至轻度或中度水平(如果100分为恐惧程度最高值的话,那么你的恐惧度至少要减轻至20~40分),或者在你意识到你所担忧的结果不会成真之前,最好不要终止该阶段的暴露训练。有时这需要几分钟,有时这可能要花上好几个小时。如果可能的话,尽量待在某一训练情境中,直到你的焦虑感和恐惧感得到缓解。然而,即使你的恐惧感在训练过程中没有消失,你仍然能从长期的训练中受益。

事实上，暴露训练结束的时间也许并不总能受你控制。例如，如果你正利用午餐时间的一个半小时来训练和同事一起用餐，那么你就无法把午餐时间延长到两个小时，以使你有足够长的暴露时间来缓解你的恐惧。如果训练情境在你的恐惧有所减轻之前就结束了，那么试着尽快再重复一次这样的情境训练。不断地重复训练，直到你能轻松应对该情境。这时，你就可以进入下一阶段的训练了。

用记录表和日记来记录暴露训练

为了最大限度地利用你的暴露训练，我们建议你使用第 8 章提供的日记和表格来监督你的进展，并衡量随着时间的推移自身焦虑的改善情况。定期评估你的进步会提醒你自身的训练情况，也会让你知道在什么时候该进入下一阶段了。

情绪评级

最新的研究表明，人们在进行克服公开演讲的暴露训练时，定期给自己的情绪评级会获得更大的进步（Niles et al.，2015）。情境暴露等级表（见第 8 章）能帮你回溯你在暴露训练过程中的焦虑等级，这与情绪评级的作用机制是一样的。

总结暴露训练的结果：过程中发生了什么

尽管你可能会很累，但你会为完成了暴露训练而感到欣慰并为自己取得的成绩而感到骄傲和自豪。尽管如此，有些人还是会将他们在这个过程中所做的每一件事都加以分析，还会对自己的表现严加批评（例如，"别人肯定注意到了我的焦虑"或是"我就像个笨拙的白痴"）。正如第 6 章说的那样，我们将这个过程称为"事后处理"。如果你倾向于将训练过程中发生的每一件事都细数一遍，那么我们建议你尽量用一种更为折中的眼光来看待你在训练过程中的表现。

要记住，你进行暴露训练的目的是让你能更加自如地应对社交和表现情境。然而眼下，你在暴露训练中期待感受到不适。期待你的表现不那么尽善尽美，无论如何，完美不是目标。与其纠结这个过程都发生了些什么,不如利用第6章介绍的认知技巧来挑战自己的消极想法。同时,试着从训练中吸取一些积极的经验教训。尽管事情并没有像你希望的那样发展,你还是可以用这些经验来规划将来的训练,并且利用从中得到的教训对下次训练加以改善。

最后,我们要提醒你的是,有时你预料的可怕的事件可能真的会发生。你可能会被一次又一次地批评、拒绝或嘲笑。正确地看待负面事件的确很重要。总有讨厌自己的人,任何人都会受到批评和拒绝。虽然被人拒绝是个很糟糕的体验,但这不是你回避与人交流的理由。事实上,在暴露的过程中经历被拒绝是有好处的。首先,通过这些经历,你就会认识到被拒绝是一件很平常的事,它不是不可容忍的。当被别人拒绝时,你就可以利用第6章讲述的非灾难化技巧了。与其纠结你的表现,不如问问自己:"这种批评真的有自己感受到的那么严重吗? 我以后该如何应对这种局面呢?"此外,你还可以利用别人的批评来提升自己未来的表现(我们从错误中学到的东西远比在身处顺境时学到的东西多得多)。最后,正确看待拒绝,这一行为能更多地反映拒绝他人的人的品质,而不是被拒绝的那个人(如有些人往往对其他人非常挑剔)。

对有意帮助患者的家人、朋友的忠告

如果你读这本书是为了帮助你所爱的人,那么请你记住以下几点建议。首先,对方必须是自愿接受这种社交焦虑治疗。要知道,如果一个人不是发自内心地想改变,那就不要强加任何治疗在他的头上。而且,你还应避免使用欺骗、强迫、贿赂或是威胁等手段来使一个人进行暴露训练。要想使暴露疗法达到最好的效果,就应由当事人自己决定是否采用暴露疗法。这一点尤为重要。

你在暴露疗法中的角色是为接受治疗的人献计献策,帮对方想出可行的暴露训练,提供支持,加入他的角色扮演训练(如模拟面试),而且如果对方有要求的话,你还应陪他一同参与现实中的暴露训练。例如,如果你所爱的人害怕参加聚会,那么对方就可能会要求你陪他一起参加聚会。如果对方害怕在餐厅用餐,她可能就会邀请你和她一起用餐。在暴露训练开始之前,与对方讨论他希望你在训练情境中扮演什么角色,该做些什么(如提供安慰、陪同出席、探索引发焦虑的想法等)。

暴露训练原则简介

本章为你介绍了大量能使你的暴露训练取得最佳效果的指导方针和原则。下面就是对其中一些最为重要的内容的简单概括。

- 提前计划你的暴露训练,预留出专门的训练时间。
- 暴露训练应具有可预测性和可控性(尤其是在暴露疗法的初始阶段)。
- 暴露训练应频繁进行(几乎每天都要训练),尤其是在初始阶段。
- 在开始训练之前要识别出你的焦虑预测,这样你就可以检验你的预测是否正确。
- 暴露训练的时间要长。尽量一直待在训练情境中直到你的恐惧感有所减缓或你已检验出你的预测正确与否。
- 在训练期间采用认知策略来克服你的焦虑想法,并在训练结束后对自己的表现进行反思。
- 在训练过程中不要蓄意压抑自己的焦虑感,顺其自然。
- 避免使用像转移注意力、饮酒和过度准备一类的微妙回避策略。
- 在大量不同的情境中进行训练。
- 选择实际风险最小的训练,尤其是在训练的初始阶段。
- 选择具有挑战性,但能完成的训练。
- 完整记录每一次暴露训练(参见第8章)。

疑难解答

以下记录一些暴露训练过程中常见的问题及其解决方法、建议和一些安慰性的话语。

问题:我的恐惧感在暴露训练过程中并没有得到缓解。

解决办法:这种情况时有发生。尽管焦虑感和恐惧感在训练过程中通常会得到减轻,但也有一些人的焦虑感和恐惧感不会随着训练而减轻。以下是一些针对这一情况的解决办法。

- 确保自己在该训练情境中待了足够长的时间。有时需花好几个小时才能缓解恐惧感。
- 确保自己没有采用安全行为。暴露训练的常见情况是恐惧感先上升随后逐渐缓解。采用像分散注意力之类的微妙回避策略可能会让你的恐惧感在这个过程中不断地上下起伏,因为大多数人并不善于长时间分散自己的注意力。
- 消极想法有时会影响暴露训练的效果。如果你的恐惧感没有随训练减轻,你可以采用第6章讲述的技巧来挑战你的消极想法。
- 如果以上所有方法都不奏效,那么就继续训练下去。有时需要经过不断重复的训练才能缓解一个人的恐惧感。

问题:在上一次暴露训练中削减的恐惧感会在下一次训练中再度出现。

解决办法:这种现象很正常。随着训练次数的增多,你的恐惧感在训练过程中减缓的速度就会越来越快,而且当恐惧感再度袭来时,它的强烈程度也会大大降低。防止恐惧反弹的方法就是增加训练频率,尤其是在接受暴露训练的初始阶段。

问题:我的生理反应(如结巴、颤抖、流汗)非常明显。

解决办法:记住,不管你是如何看待这些生理反应的,大多数情况下,这些生理反应在其他人看来远没有自己看来这么明显。而且,随着焦虑逐渐减轻,这些生理反应的强度也会随之减轻。如果你担心别人注意到你的生理反应,那么你可以采用第6章介绍的认知技巧来挑战你的焦虑想法。记住,这世上有很多人都会脸红、发抖或是一下子脑筋短路,也有很多人会像你一样不在意别人如何看待自己。问题的关键并不在于你出现了这些生理反应,而在于你对自己出现这些生理反应产生的后果所抱有的焦虑想法。

问题:我就是不擅长_____(与人闲谈、在公众面前讲话等)。

解决办法:事实上,你的社交技巧比你想象的要好得多。正如前面几章讨论的那样,有社交焦虑的人倾向于过度苛求他们的社交和表现能力。尽管如此,还是有方法提高一个人在这方面的能力的。其实进行暴露训练就是一个很好的方法。打个比方,通过与人闲谈你就会知道在与人交谈的过程中哪些话题是可以谈的,而哪些话题是不适合谈论的。另外,我们建议你阅读第10章,那里介绍了提高社交和沟通技能的具体方法。

问题:我实在是太害怕了,暴露训练对我没有效果。

解决办法:理想情况下,你应选择中高度恐惧情境进行训练(例如,若满分为100分,你所选择的情境恐惧值应在70~80分),即使你可以承受恐惧程度更高的训练。采用第6章所述的认知策略来挑战你的恐惧想法能有效帮助你克服恐惧感。然后,有时即便采用了这些策略也不能阻止你恐惧度的升高。如果你发现你的恐惧已到了失控的程度,那么有三个选择摆在你面前。第一,你可以试着再坚持一段时间来看看你的恐惧是否会有所减轻。第二,你可以休息一会儿,然后再试着重新做一次相同的训练。第三,你可以试着降低训练的难度。一般来说,以上方法都很有效。记住,最重要的一点就是千万不要彻底放弃。

问题:我所惧怕的情境持续时间都很短,因此,没有足够长的时间来缓解我的恐惧。

解决办法:本章前面部分已对这个问题进行过讨论,但仍然值得再强调一遍。如果一个暴露训练的时长很短,你可以想些其他方法来延长训练时间。例如,如果你害怕与超市收银员对话,你可以每次只买一点东西,一次次地与收银员进行对话训练,重复1~2个小时。与一次性买完并结清所有商品相比,这样做能为你创造更多和收银员进行对话训练的机会。

问题:我有过非常糟糕的暴露训练经历(如我的老板严厉地批评了我的报告),我怎么还敢尝试暴露训练?

解决办法:虽然这样的状况很少发生,但在暴露训练过程中产生某些意想不到的负面影响还是可能的。例如,你可能在一场面试中体验到惊恐发作,你还可能在做报告时遭到别人的耻笑。如果在训练过程中真的发生了一些非常可怕的事,你的部分恐惧复发也是很正常的事。这时候,你可以运用第6章介绍的技巧来重新分析这些消极事件的意义。此外,我们建议你退回到前一个阶段的训练,并在那件"不幸事件"发生的地方重新来过。

问题:我没有回避训练情境,但我的恐惧感没有消失。

解决办法:即使在通常状况下,暴露训练会减轻一个人的恐惧感,但据统计,即使一个人从未逃避过那些引起他恐惧的社交情境，有时他仍然会在这些社交情境中感受到非常强烈的恐惧感。例如，一个人按照惯例和他人一起用餐，但他仍然会在这种情境中感到焦虑。如果你持续感到恐惧，并且你也没有回避自身惧怕的情境，你可能会觉得你很难找到合适的训练。以下三种策略可以供你参考。第一，如果你害怕在社交情境中体验到焦虑唤醒，你可以增加第8章介绍的症状暴露训练。第二，检查一下自己在训练过程中是否采用了安全行为，是否饮酒或用药，或是采用其他策略，从而减轻了暴露训练的效果。如果你有使用这些策略，那么请你尽量避免采用这些行为。最后，你还需尽力识别并克服你的焦虑预测和想法，这些只会让你的恐惧感持续存在（见第6章）。

第 8 章
直面恐惧的社交情境及感受

在第 7 章中,我们概述了利用暴露疗法来治疗社交焦虑的基本原则。在本章中,我们将介绍如何利用这些策略来直面使你焦虑和不自在的社交和表现情境以及生理反应(如脸红、流汗和发抖)。在阅读本章前,你应熟练掌握第 7 章所讲述的内容。如前文所述,我们建议你把每一次暴露训练都当作一次行为实验,提前记录你的预测并运用该训练来检测你的预测是否准确。运用第 6 章所描述的认知策略来对抗你在训练期间产生的焦虑想法,并在你完成暴露训练后对你的个人表现进行反思。在你训练期间,你应当避免使用安全行为,例如转移注意力、药物及酒精使用,以及其他微妙回避策略(如在灯光昏暗的餐厅用餐,这样其他人就不会注意到你脸红了)。最后,当你在下列情况下进行训练时,暴露疗法效果将达到最佳:

高频率(如果可能的话,尽可能每天都进行训练)。

- 高时长(训练时间要尽量长,以验证你的预测是错误的)。
- 可预测、可控制。
- 挑战与焦虑相关的预测。
- 在不采用安全行为的条件下进行训练。
- 运用不同的方法进行训练(如在不同的情境、不同的时间以及不同的地点采用暴露疗法)。

暴露在恐惧情境之下

本节将就在不同社交和表现情境下进行的暴露训练提供建议,包括公众讲话,与人闲聊,结识新的朋友和约会,与他人发生冲突,成为关注的焦点,在公共场合吃喝,在其他人面前写作,面试工作,现身公共场所,与权威人士交谈,以及参与网络活动(如社交媒体)。除了此处提供的建议外,每一个小节都有空间供你记录可能与你自身的社交和表现焦虑相关的实践想法。本节也将为你提供许多方法来挑战你的恐惧并最大化地利用情境暴露训练。

首先,在本节中提到的许多训练可能看似会有些让人难以承受。然而,正如我们在第 7 章中建议的那样,你应从那些看似具有挑战性但却能自行调控的训练开始做起。随着时间的推移,你将会越来越自如,并且你会更有能力去尝试其他更具挑战性的训练。一些训练对你而言会变得易如反掌。如果你能自如地在一些社交和表现情境下进行训练,那么你就没必要再在这些情境下训练了。相反,你应当把注意力集中在那些让你焦虑的情境上。

关于公众讲话的训练

要克服在他人面前讲话的恐惧,就要利用好工作中或日常生活中的发言机会。如果你在生活中的发言机会很少,那么你可以利用下述方法制造发言机会:

- **在工作会议中发言。**例如,你可以就所讨论的事情发表意见,还可以提出和回答问题。如果有做简短陈述的机会,一定要好好利用这个机会。
- **在工作中或其他场合中勇敢发言。**例如,如果你加入了某个读书俱乐部或阅读小组,你可以勇敢地站出来谈谈你对正在阅读的书籍的看法或做个小总结。如果你掌握一些专业知识,你也可以通过演讲的方式向工作伙伴、同事或朋友进行分享。
- **参加公共讲座并提问。**你可以在网络、电子邮箱、报纸、收音机或电视上(如当地的有线电视)发现公共讲座的广告。同时,你也可以在图书馆、当地的大学、城市的街道、超市或其他公共场所的社区公告牌或图书馆海报上看到此类广告。
- **在婚礼、派对、聚餐或其他聚会上进行即兴演讲或说一段祝酒词。**如果你受邀参加派对或者计划办一场自己的派对,你可以主动在客人面前发言。
- **在大学、学院或是任何提供成人教育课程的学校学习。**尽量选择能提供个人展示机会的课程。如果没有个人展示的机会,那么你可以在每一堂课上都提问。如果你无法注册入学,另一个方法是到当地大学的大班课堂上旁听。旁听大班课程(最好经过讲课教授的允许）可以为你节约一大笔注册费，还能为你提供在公共场景下提问的机会。

- **加入演讲协会。** 演讲协会是一个举办集会的组织，它针对的群体是那些想要掌握如何在他人面前进行有效交流的人群。在全球 140 多个国家中，有超过 15 000 家俱乐部，其成员总数超过 340 000 名。通常，会员们每周见面 1~2 小时。每年的会费也不贵，并且会员们还能参加各种各样他们感兴趣的集会，包括其他俱乐部的集会。

- **参加公开演讲课程的学习。** 许多公司都会提供公开演讲课程（尤其是针对商业人士的课程），这些课程价格不一，质量各异。有些是面授课程，有些则是网络课程。通过卡耐基培训的网站你可以获取大部分课程信息。你身边的独立公司或许也能提供公开演讲课程。你要牢记的是，与网络课程相比，面授课程能为你提供更多的暴露训练机会。

- **参加戏剧表演或音乐课程。** 参加此类课程可以为你提供在他人面前展示自己的机会。你可以上网查询相关信息。当然，当地高中或者大学、专业的剧院或音乐学校、基督教青年会或者其他机构都能提供此类课程。

- **在当地小学、中学或大学就你的工作做一次演讲。** 有时，高中或大学会举办"职业生涯日"活动，学生们可以利用这样的机会了解一些特定的工种或职业。此外，学校有时也会邀请从事这些职业的人到课堂上做演讲。你可以打电话咨询当地高中或大学是否有这样的机会。或者，如果你有孩子在上学，你可以创造机会，在你子女的班上就你的工作做一次演讲。

- **在他人面前读一篇短文。** 对一些人而言，在朋友或家人面前朗读就会让其感到焦虑。对其他人而言，则可以尝试更具挑战性的事情，例如，为即将在你单位做演讲的嘉宾读一段介绍词。

你能想到其他关于公众讲话的训练吗？如果能，请你将其记录在下方。

_____

_____

_____

关于与人闲聊、随意交谈以及进行非正式的社交活动的训练

随意交谈以及与人闲聊随处都可能发生。下文为你列出了一些情境,方便你把握机会进行训练。除每周进行几次大规模的训练外,你还需要尝试每天都进行一些小的训练。

- **邀请朋友到家中一聚**。例如,你可以邀请一些同事来吃晚餐、看电影或一起运动。或你也可以为你的同事或家庭成员举办一个生日派对。确保你和客人进行了交流。不要找理由拒绝与他们交流(如用你要去做清洁、洗盘子或是上菜和端茶、倒水等借口来拒绝和他人交流)。

- **在电梯上、排队时、等公交时或身处其他公共场所时,试着和陌生人说话**。经过长期反复的训练,闲谈会变成一件很容易的事。暴露训练历时越长,效果就越好,所以你可以试着重复这个训练 1~2 个小时,直到你的焦虑得到缓解。请保持微笑,打个招呼,如果时机恰当,你还可以讲些幽默风趣的段子。尽管你需要做好心理准备,因为有些人可能会消极回应(请你记住,其他人或许跟你一样害羞或对闲谈不感兴趣),但是大多数人都会积极回应的。

- **问路或问时间**。在商场或商店里走向遇到的陌生人,并向他们询问时间。或者,问他们怎样才能到达某个地点。如前所述,长时间的暴露训练十分有益,所以你可以重复这项训练 1~2 个小时,直到你意识到你前期的恐怖预测不会成真,或直到你的焦虑全都烟消云散。

- **与同事或同学交流**。尝试提前到学校或办公地点,这样你就有机会与他人交谈。在休息期间,一定要向你的同事或同学打招呼。通常,一些简单的问题,例如"周末过得怎么样",会是很好的对话开场白。

- **和遛狗的狗主人交流**。通常,狗主人都很喜欢聊他们的狗。如果你也养狗,尝试在其他人遛狗的地方遛你的狗。你可以对其他人的狗称赞一番,或问问他们关于狗的问题(如"这条狗真可爱"或"这条狗是什么品种")。如果你经常在一条线路上散步,你将会经常看到一些人。说不定你就交到新朋友了。

- **和商店和饭店的收银员、服务员或其他员工交流**。例如,你可以谈论天气,或咨询意

见(你可以问"这件衬衫和这条裤子配吗"),专门订一本书或问一些其他信息(如"这家饭店开多久了")。

- **赞赏他人或接受别人的赞赏**。主动赞赏别人。例如,你可以告诉你的同事你喜欢她的毛衣或她的新发型;你可以对一位艺术家说你喜欢他的作品;你也可以告诉服务员,说你非常满意他们的菜品。如果你会因为听别人说恭维的话而不舒服,你只需要在别人赞美你时说声"谢谢"。不要告诉那个人你不值得他的称赞,让那些溢美之词大打折扣。

- **表达不同的意见**。如果你对某件事持相反的意见,你需要大胆说出你的想法,尤其是针对那些结果无足轻重的问题。例如,如果你不喜欢某人正津津乐道的一部电影,你可以谈谈你为什么不喜欢这部电影。如果你不同意某人的政见,你可以表达一下自己的看法。在你畅所欲言的同时,尽量不要贬低别人的看法。不同的意见要在相互尊重和相互理解的条件下表达。除此之外,你还应努力从他人角度出发,来交流你的想法。

- **参与对话**。在一些情境下,参与对话是相当不错的选择。例如,在人来人往的派对上,人们会进行各种各样的对话交流。这个时候,如果有人正在谈论你感兴趣的话题,那么你就可以看看能否加入他们。

- **与其他孩子的父母交流**。就像宠物的主人喜欢和其他的宠物主人交流一样,父母也喜欢和其他孩子的家长讨论自家的孩子。你可以抓住机会,参与这样的谈话。你可以参与你孩子学校举办的"家长之夜",或是带你的孩子参加其他孩子都参加的培训班(如游泳、曲棍球、健美操、手工或音乐班)。抓住任何可以和其他家长进行交流的机会。

- **在咖啡馆见三两好友**。邀请几位同事或朋友在下班或放学后与你一起喝杯咖啡、小酌一杯或吃点小吃。或者,你可以邀请其他人与你一起共进午餐。

你能想到其他的关于非正式社交或闲聊的训练吗? 如果能,请你将其记录在下方。

_____

_____

_____

关于结交新朋友和与人约会的训练

上述场景能为你提供结识新朋友的机会。同样,本节中提到的各类情境也能为你创造和他们闲谈的机会。大多数情况下,一段友谊或一段感情都是从闲谈开始的,所以毫无疑问这几个部分是相互交织的。同时,发展一段新的友谊通常也需要经历反复的相遇。换句话说,两个人要先成为熟人再成为朋友。下述列表将为你呈现涉及结识新朋友、发展新友谊、达成新的商业伙伴关系以及创造约会机会的训练案例。请记住:暴露训练的主要目的是让你能自如地应对既定的情境。眼下,请把开展一段新友谊这一目标排在第二位。为了使暴露训练达到最佳效果,你需要关注的是你克服恐惧的过程,而非你是否交到了新朋友、发展了新感情。

- **参与社交活动**。例如,参加公司年度假日派对、同学聚会、社交舞会、当地画廊的开幕式,或者图书签售会。此类场景会为你提供结识新朋友以及与他人谈天的机会。在这些情境中,请你鼓起勇气接受社交挑战(如和其他人对话)。
- **和你的邻居交流**。在你家附近散步并且和邻居打招呼,尤其是那些你不怎么会碰到的邻居。如果你有新邻居搬过来,你可以考虑邀请他过来喝杯水或者吃点甜品。同时,你也要记得邀请你的其他邻居。
- **加入一个俱乐部,学习一门课程或是加入一个组织**。你可以加入保龄球协会、健美操班、排球队、宾果俱乐部、自助小组、教会组织、艺术班或是其他组织。组织成员最好能经常见面(如每周一次),这样,你就能收获满满。
- **通过你的朋友或同事认识其他人**。抓住通过朋友、同事或其他你认识的人结识新朋友的机会。
- **邀请你认识的人一起参加社交活动**。例如,你可以邀请一些同事或熟人一起吃午餐或晚饭;和他们一起看电影或参加音乐会。再或者,你可以邀请一些同事或熟人一起去度假,周末一起去滑雪,或差旅。

你能想到其他的关于交友、约会或与之类似的训练吗? 如果能,请你将其记录在下方。

关于与他人发生冲突的训练

涉及与他人发生冲突的训练需要经过仔细规划。与本章讲到的其他训练不同，此类训练可能冒犯其他人或让他人对你的行为感到不耐烦。选择风险小的进行训练。例如，如果对方看起来咄咄逼人、易怒或比你块头大得多，那你就不要尝试这种训练了。如果你不确定这项训练的风险性，你可以征求你朋友或家人的意见。你还可以参考第 10 章介绍的"更有效地沟通"来为这类训练做准备。更重要的是，你在处理争端时需要当机立断，而不是让其愈演愈烈，从而让对方更加生气。

故意做一些让别人为难的事情可能会显得很不礼貌。而另一方面，在你继续阅读本节时，你将发现在大多数情况下这些训练只会给人带来极小程度的不便，而且这些情况是人们无论如何都无法回避的。你从这些训练中获得的巨大收获将远远超越你给他人带去的不便。其他人的经验告诉我们以下几种训练会帮助你更加游刃有余地直面冲突。

- **要求他人改变行为方式。**例如，你可以要求你的室友把他的脏衣服洗了，而不是到处乱丢。或者礼貌地告诉别人不要在电影院大声喧哗。
- **当交通灯变绿时，让车多停几秒再开走。**假装你在转换电台，没注意到交通灯已经变绿了。在你后边的司机可能会因此愤怒不已，狂按喇叭，这就是你开走汽车的信号。
- **当你不想做某件事时，坚决地说"不"。**如果别人要你做一些你不想做的事（例如捐出一笔你无法承担的金额、从电话销售员那里网购、做超出自己分内的工作等），坚决说不（即使是很礼貌地表达）。再次强调，我们建议你阅读第 10 章以获得更多关于"更有效地沟通"的建议。
- **到商店退货。**将一本书、一件衣服或其他物品退回商店。大多数情况下，店员们都会欣然收回这些商品。然而，有时你也会遭到拒绝。这就给你提供了机会来学会适应这种冲突情境。为了真正地考验自己，你可以不携带收据、原始包装或在超过退货期限的情况下去退货。商店或许不会受理你的退货,但你可以得到处理冲突的锻炼机会。

- **在餐厅将食物退回。** 让你的服务生把食物或饮料拿回去(例如,更换沙拉的调料,把汤加热一点,把食物煮透一点,或为你换一种其他的饮料)。

- **在银行自动存取款机面前驻足逗留,不顾有人在你身后排队等候。** 例如,进行多次存款,从一个账户把钱转到另一个账户,并从两个或多个不同的账户中提取现金。与排队的人进行眼神交流,以便观察他们是否看起来不耐烦。

- **在商店为商品付款时,故意忘记带钱。** 例如,当轮到你付款时,告诉收银员你忘记带钱包了,或者拿超过你预算的商品数量,这将为你提供应对当你给收银员和排在你后面的顾客带来不便时的情境。

你能想到其他涉及与他人发生冲突的训练吗? 如果能,请你将其记录在下方。

关于成为众人关注焦点的训练

如果你害怕看起来很愚蠢,害怕在人群中脱颖而出,或仅仅是害怕会被其他人审视,那么你可以尝试下述训练来吸引人们的注意力。

- **故意说错话。** 故意在课堂上答错问题,故意给他人提供不正确的信息,或故意读错单词。

- **大声说话。** 在公共场合大声说话(如在商场里、公交车或地铁上),这样你周围的人就会听到你的交谈内容。

- **让手机在公共场所响铃。** 安排某个人在你看牙医、在餐厅吃饭,或在公共场所散步时给你打电话。你需要谨慎进行这一训练。例如,在大学考试、工作面试、葬礼或在影院看电影时不要尝试该训练,除非你的目的是打扰你周围的人。

- **故意掉东西。** 故意在公共场合丢掉钥匙、书籍或其他东西,或把水洒在你的衬衫上。

- **谈谈你自己。**当你在和其他人交谈时,你可以谈谈你的家庭、工作、爱好,或者其他关于你的事情。你还可以谈论你的政见,你对近期看过的电影和书籍的看法。

- **参加集体游戏。**例如和你的朋友、同事或家人一起玩绕口令、你画我猜、脑筋急转弯、问题抢答、棋盘游戏或者其他游戏。

- **故意反穿衣服或裙子。**乱穿衣服,然后在公共场合四处走动。穿得越离谱越好。例如,穿两只不一样的鞋子,穿条纹裤子配格子衬衫,反穿裙子或衬衫(如果你的裙子或衬衫有垫肩的话,该训练的效果会更好),或是在白天穿正式的晚礼服。通过这些训练,你将会变得不那么在乎别人的目光。

- **打翻超市里的陈列货品。**例如,打翻超市里搭起来的纸巾或厕纸。再次强调,在你尝试该训练时要做好合理的预估。打个比方,不要打翻装着番茄酱的玻璃罐。这个行为大错特错!

你能想到其他关于成为关注焦点的训练吗? 如果能,请你将其记录在下方。

_____

_____

_____

关于与他人一起吃饭或喝东西的训练

害怕在他人面前喝东西的人通常会担心手抖或把杯中饮品洒出来。害怕在他人面前吃东西的人可能会因为害怕出错,害怕看起来不够迷人或害怕因为吃辛辣的食物会脸红而紧张。你应当选择在那些能引起你特定焦虑感的情境中进行暴露训练。例如,如果你会因为吃些乱七八糟的食物而焦虑,那么你在点餐时就应当点这类食物。如果你会因为脸红或流汗而紧张,那么就点一些辛辣的食物。下文将为你列出一些让你在他人面前用餐或喝东西的情境。

- **在你的办公桌旁吃零食。**如果你在公共区域办公,那就在你的工位上吃些零食。这比和同事们一起吃东西简单很多。当你对这项训练信手拈来时,你便可以尝试下文列出的训练了。

- **在派对或聚会上喝一杯。** 如果你会因为在别人面前喝酒或饮料而焦虑,那么下次遇到派对或其他社交聚会时就尝试一下这样做。如果你的手开始发抖,尽量不要隐藏这一行为。如果酒精会消除你的焦虑,那么你一定要确保在你的恐惧与焦虑自行消失之前滴酒不沾,不管是白酒、啤酒还是烈性酒。

- **和同事一起吃午饭。** 你每天都会吃午饭,所以如果有机会的话,你也可以和其他人一起吃午饭。如果你习惯在你的工位上吃午饭,或自己一个人在餐厅吃午饭,你可以每周邀请你的同事和你一起吃一两次饭。

- **在餐厅和朋友共进晚餐。** 如果你在灯光昏暗、看不清人的餐厅用餐感觉更舒服,那么你可以选择灯光更加明亮的餐厅来挑战自己。选择餐厅里能让你被别人注意到的座位。

- **邀请别人到你家用餐。** 例如,你可以邀请三两好友或邻居到你家吃晚餐。

- **在别人家中用餐。** 如果你总是拒绝到别人家中吃饭的邀请,那么下次请你接受这些邀请。当你发现你不能控制周围的环境(如灯光),不知道其他客人是谁以及会吃到什么样的食物,你可能会感到更加不适,但请你不要因为这些理由就回避这些场景。

- **单独在餐厅、美食广场或其他公共场合用餐。** 如果单独在公共场合吃东西会让你感到焦虑,那么单独在餐厅或美食广场用餐将是一次极好的锻炼机会。你也可以考虑在其他公共场合吃东西,例如坐在公园或是商场的长椅上。

你能想到其他关于在他人面前用餐或喝东西的练习吗? 如果能,请你将其记录在下方。

_____

_____

_____

关于在他人面前写字的训练

一般来说,那些害怕在他人面前写字的人会担心自己在写字时手抖。他们也害怕别人会对自己的书法大加评论或注意到自己的个人信息。以下列举了一系列能为你提供在他人面前写字的训练情境。

- **索要发票**。当你在商店买东西时,索要发票一定要在收银员面前填写你的发票信息(不要在去商店之前就把发票信息写好,这是作弊行为)。如果你担心收银员会看到你的字迹,那么你就在写发票信息时故意手抖。事实上,为了真正克服你的恐惧,你还可以故意让你的手抖到不得不重新写一张。

- **坐在公共场合写信**。当你在咖啡馆喝咖啡、乘公交车或在公共长椅上坐着休息时,给你的朋友写一封信。确保周围有人能看到你正在写信。

- **在其他人面前填表格或申请**。例如,在银行工作人员的注视下填写一张新的信用卡申请或借贷申请表,在打流感疫苗前填写同意书,在计票员面前填写一张竞选选票,或在同事面前签署文件。

你能想到其他关于在他人面前写字的训练吗? 如果能,请你将其记录在下方。

_____

_____

_____

关于工作面试的训练

想要在工作面试时游刃有余,最好的训练方法就是将自己置身于和真实工作面试相类似的情境之中。下文将为你提供几个例子。

- **申请志愿者岗位**。许多志愿者岗位都需要经过面试(如医院、学校、戏剧公司、慈善组织、社区机构等),这些面试的过程和真实的工作面试类似。然而,如果你知道你应聘的这个岗位是没有薪酬的,那么你可能就不会感到那么紧张。如果事实的确如此,那么这将是一个很好的开始。除了能有机会和雇主见面,你也得到了一个自我审视的机会。申请志愿者岗位并不意味着你就要接受这份工作。如果你觉得这份工作不适合你,你随时可以拒绝它。如果你申请多个志愿者岗位,你在整个面试过程当中会变得更加自如。

- **让家庭成员或朋友当你的面试官**。让家庭成员或朋友当你的面试官是另一个克服面试焦虑的好方法。你需要告诉你的朋友或家人面试的特性以及他们在训练当中要扮演的角色。你可能也希望他们能扮演一些特别的角色,如脾气暴躁的面试官,这样会让你在直面真实的极具挑战性的面试时更加从容。

- **申请你不是特别感兴趣的工作**。克服面试恐惧的一大良方就是申请那些在你梦想职位清单中排名靠后以及你不会因此付出极大代价的工作。通过面试你不是特别感兴趣的工作,会使你在面试感兴趣的工作时表现得更加出色。

- **申请你感兴趣的工作**。如果你正在寻找新的工作,你始终都要去面试自己心仪的工作。你申请的工作岗位越多,你将参加的面试也就越多。你参加的面试越多,你练习面试技巧、克服面试恐惧的机会也就越多。尽管从面试一些你不是特别感兴趣的工作开始做起很合理,但你也应当面试一些你感兴趣的工作。

你能想到其他关于工作面试的训练吗?如果能,请你将其记录在下方。

_____

_____

_____

关于在公共场所自处的训练

对一些人而言,处在人群之中就很容易感到焦虑,即便他们没有与人进行任何互动,也没有直接的社交接触。如果置身于公共场所对你来说很困难,你可以尝试下述的暴露训练。记得要时常训练,训练时间要长到让你不再恐惧。如果你必须要离开该暴露情境,也请你尽快返回该情境。

- **去商场或超市**。购物是在公共场所把自己暴露给其他人的一种很好的方式。为了更大程度地挑战你的恐惧想法,你可以在商店比较拥挤时去购物。

- **在公共场所与他人进行眼神交流**。如果合适的话,在你散步、乘坐公交或搭地铁时与他人进行眼神交流。当然,出于安全考虑,在城镇中较为危险的地方,尤其是天黑以后,这样做并不是明智之举。

- **听音乐会或观看体育赛事**。在大型音乐会、体育赛事、电影院或其他娱乐场所你一定会遇到许多人。如果你喜欢坐在过道或靠近门口的位置(以便快速离场),你可以尝试坐在会场中间远离出口的位置。

- **在公共场所阅读**。花时间在咖啡店、图书馆或其他公共场所读一本你最喜欢的书或报纸,或是使用笔记本电脑或平板电脑。

- **去健身房或者参加健美操课程**。与其独自锻炼,不如在别人面前锻炼。例如,你可以参加健美操课程,然后在教室里找一个别人能看到你的地方锻炼。或者,你也可以在比你更有经验或比你身体更加强健的人旁边练习举重。

你能想到其他关于在公共场所自处的训练吗?如果能,请你将其记录在下方。

_____

_____

_____

关于与权威人士对话的训练

大胆地去与那些权威人士接触,与他们接触或许会让你感到不舒服,但通过这样做你可以学会如何更加自如地与他们交流。下文为你列举相关暴露训练的例子。

- **与你的老板或老师见面**。如果你是一名学生,你可以请老师一起探讨一道很难的家庭作业。如果你已经工作了,你可以和你的老板约个时间,谈谈你的工作表现或你在工作中其他方面的问题。

- **向药剂师询问有关用药方面的问题**。如果你正在服药,你可以向药剂师询问关于药品的问题(如药品的副作用、和其他药品的相互作用,或者如何再配药等)。如果你没有服药,你仍然可以代替你的朋友或家人问问题。

- **向你的医生咨询医学问题**。和你的家庭医生约个时间,询问关于你身体症状的问题。

一定要确保你的每一个问题都能得到答复。

- **和你的银行经理见面**。例如,你可以和你的银行经理或贷款专员安排一次会面,讨论一下你贷款或抵押的可能性。
- **与警察交谈**。例如,你可以向一位警官问路。
- **和律师见面**。例如,你可以和律师见面讨论资产归化(写遗嘱)或是其他你正在处理的法律方面的问题。
- **与会计或财务顾问见面**。雇用一名会计来帮你处理税务问题,或与财务顾问见面并咨询一些投资意见。

你能想到其他关于与权威人士交谈的训练吗? 如果能,请你将其记录在下方。

_____

_____

_____

关于社交媒体的训练

人们可能会觉得别人会在网上对自己进行负面评价。通过社交媒体和他人交流可以给你提供一个极好的机会,让你能更加从容地应对他人的评价。但针对此类训练,也有一个小建议,那就是不要把在现实生活中有害的东西发到网上。如果你担心你未来的雇主或其他人看到你发的内容,一定要确保你能移除发布的内容,或者能设置谁可以看到你所发布的信息(最保险的方法就是只让你的朋友看你的主页)。同时,你还要记住,一旦你发布了信息,你就无法控制别人会对你所发布的信息做些什么。

保证自己不掉入普遍焦虑陷阱,包括过度使用安全行为(如频繁检查脸书主页)或利用社交媒体代替真实的人际交往。如果你倾向于回避真实生活中的社交接触,社交媒体将为你提供更多与人交往的机会。如果你发现自己会对要发的内容反复斟酌,你可以采用第 6 章讲述的认知技巧来检测和挑战引发你焦虑的负面想法。记住这些忠告,以下是一些在社交媒体上进行暴露训练的机会。

- **参加网络社区**。进入类似微博、抖音、微信、百度、QQ等网站。承担一些小的社交风险,例如和网友聊天并表达你的意见。当然,在拿别人和自己做比较时,一定要谨慎。人们倾向于展示自己最好的一面。但实际上,他们或许并没有你想的那么有趣,他们在真实生活中也可能并没有成百上千个朋友。

- **在网上发布自己的作品**。例如,如果你是一个音乐人,你可以录一首歌并把它上传到网上(如抖音)。录制一段个人展示,然后将其放到网上。上传一些自己的照片或艺术作品。当然,你上传这些作品的同时也就意味着你可能会遭到一些批评(每个人都有自己的意见,有时人们会很苛刻,尤其是在网络评论时)。你可以采用在本书中学到的技巧,灵活应对批评。

- **通过在线交友网站结识新朋友**。如果你正期待一段爱情故事,你可以考虑加入在线交友网站。有两点你需要小心。首先,尽管网络是认识新朋友的有用途径,但你也不要过度沉迷,让网络关系全权代替面对面的交流。相反,你可以利用互联网结识最终会面对面交往的人。其次,如果你是初次与人见面,你一定要小心。一定要在公共场所和对方进行第一次会面,在完全了解对方之前,你也不要把你的家庭地址给别人。

你能想到其他关于和他人进行网络交流的训练吗?如果能,请将其记录在下方。

_____

_____

_____

挑战你的恐惧极限

通过将自己反复暴露于所恐惧的情境之中,你就能持续挑战自己的执念和那些你对自身社交和表现情境处理能力的预测。理想情况下,暴露训练应该用来检测你焦虑想法的真实性。例如,如果你害怕在派对交谈时说胡话,那单单出席派对还远远不够,但将其作为自己迈出的第一步则是合理的。为了更全面地挑战你的恐惧想法,你还应该在派对上和他人交谈。通过与他人进行多次对话,最终你就会意识到你说的大部分内容其实一点都不愚蠢,你之前的焦虑想法和预测也一点都不正确。

当你能够在一定程度上自如地应对派对上的交谈时,你下一步要做的或许就是训练故意说一些蠢话,并衡量一下这样做所产生的后果。这样做能促使你对自己的恐惧想法发起更进一步的挑战。但即使你在派对上说了些蠢话,这样做所产生的结果也有可能微乎其微。通过此类暴露训练,你不但能意识到自己可以与他人积极对话,还能意识到就算自己出错了也不会产生什么严重的后果。

本节所介绍的这些策略通过检测你"如果……会怎么样"想法的真实性来增加暴露训练的强度。与其总是焦虑"如果我犯错了该怎么办"或是"如果我引起别人的注意该怎么办"这样的问题,我们建议你试着用故意犯错或是故意将他人的注意力转移到自己行为上的方法来回答这些问题。十有八九,你会发现根本不会发生任何可怕的事。

故意犯错或出洋相

当你在自身恐惧的情境中感到稍微自在一点时,你下一步要做的就是故意犯点小错或故意做些让自己看起来很愚蠢的事。这类故意犯错行为包括:在和老板交流时,故意将某个字的读音说错;故意在课堂上提一些弱智问题;或是在走路时故意撞门。你不需要犯些特别严重的错误(如故意考试不及格或故意把车子撞坏)。事实上,故意出点小错就好了,这样也不会产生什么严重后果。

故意成为焦点

如果成为别人注意的焦点对你来说很困难,那么你进行的暴露训练就应包括刻意将他人的注意力转移到自己身上。例如,与其早到或准时到达电影院或者教室,不如刻意晚几分钟再到,这样在你进入影院或教室时每个人都会注意到你。尽管你可能有那么几分钟会感到不自在,但几分钟之后,你也会意识到这种经历并没有什么大不了。你的尴尬只是暂时的,人们很快就会忘掉你迟到这件事,并转而关注其他的事情。

表达个人见解

如果你害怕在与人交流时表达自己的意见,那么只参与交谈而不表达自己的见解还远不能检测你恐惧想法的正确性。只交谈不会让你认识到你的害怕毫无根据。相反,你需要在这个暴露训练期间表达你的感受或意见。

制订情境暴露等级表

在开始暴露疗法之前,制作一个情境暴露等级表很有必要。将具体的训练情境按照其引发的焦虑程度从轻到重按等级详细地列出来。它能有效指导你进行暴露训练。

一般来说,情境暴露等级表将包括具体的暴露内容,以及你预计会产生的恐惧程度。这些内容包括组织或观众的规模(如和一个人交谈就比和五个人交谈容易得多,而和五个人交谈又比和五十多个人交谈来得容易);耗时时长(如这次交谈是持续五分钟还是三十五分钟);你和其他人的关系(如对方是家人还是陌生人);等等。

表8.1 和表8.2 是情境暴露等级表的两个范例。第一个暴露情境等级表针对的是公开演讲情境的暴露训练,第二个暴露情境等级表则是针对在不同的社交情境中都会产生焦虑的暴露训练(也就是广泛性焦虑障碍)。注意,暴露情境等级表中的各个项目都是非常详尽的,涉及训练时间、参加训练的人以及其他相关变量。具体地制订这些条目是非常重要的,因为如果情境暴露等级表中的条目过于模糊,要进行训练就很困难。恐惧度和逃避指数是根据 0 ~ 100 的标准来划分的:0 代表完全没有恐惧感,不会逃避;100 代表强烈恐惧,完全回避。

表 8.1　情境暴露等级表范例:公开演讲

情境	恐惧度	逃避指数
1. 历时 1 小时,面向 200 个陌生人,针对自己不太了解的主题做正式讲座	100	100
2. 历时 1 小时,面向 30 个陌生人,针对自己不太了解的主题做正式讲座	99	100
3. 历时 1 小时,面向 200 个陌生人,针对自己熟悉的主题做正式讲座	90	100
4. 历时 1 小时,面向 30 个陌生人,针对自己熟悉的主题做正式讲座	85	100
5. 历时 1 小时,面向 20 个同事,针对自己不熟悉的主题做非正式演讲	85	90
6. 历时 1 小时,面向 20 个同事,针对自己熟悉的主题做非正式演讲	70	70

情境	恐惧度	逃避指数
7. 历时 1 小时,面向 20 个小朋友,针对自己的工作做非正式演讲	65	65
8. 在大型会议上发表评论或提问(超过 15 个人)	50	60
9. 在小型会议上发表评论或提问(5~6 个人)	40	40
10. 在家庭晚宴上致祝酒词	35	35

表 8.2　情境暴露等级表范例:广泛性焦虑障碍

情境	恐惧度	逃避指数
1. 历时 1 小时,面向 30 个同事,针对自己熟悉的主题做正式讲座	100	100
2. 为同事在自己家里举办一个派对	95	95
3. 约会帕特,共进晚餐	90	100
4. 回复报纸上的一则个人交友广告	85	100
5. 参加公司年度假期派对,不喝酒	85	85
6. 参加退休同事的茶会	70	70
7. 与朋友瑞塔共进正式晚餐	70	75
8. 与同事谈谈自己的感受和观点	60	60
9. 与朋友瑞塔一起吃快餐	60	50
10. 在公共汽车上与坐在旁边的人聊天	50	50
11. 向某人问路或是问时间	45	45
12. 给瑞塔打电话	40	40
13. 独自在拥挤的大型百货商场的美食广场吃饭	40	40
14. 在拥挤的购物中心闲逛	35	35
15. 不查看来电显示(以证实其身份)就接电话	30	30

　　读到这里,想必你已经知道一个完整的等级表是什么样子了,那么你就可以利用空白的情境暴露等级表格来制作专属你的表格了。你可以参考本章提到的暴露训练以及第 3 章讲述的自我评估结果。选择那些难度由易到难、产生的焦虑度由轻到重的情境来进行训练。

　　将这些训练情境按照难易度(将引发焦虑感最强的训练情境放在表格最上方)记录在表8.3 所提供的空白表格中。下一步就是想象自己正身处这些训练情境之中,并衡量在每一个情境中你会产生的恐惧度(你可以使用 0~100 的数字来代表你的恐惧度,0 代表完全不恐惧;25 代表轻度恐惧;50 代表中度恐惧;75 代表强烈恐惧;100 代表极度恐惧)。最后,再用 0~100 的评分标准来评估一下你逃避这些训练情境的程度(0 代表不会逃避;25 代表犹豫是否参加该情境,但很少逃避;50 代表有时会逃避;75 代表通常会逃避;100 代表总是会逃避)。

表 8.3　情境暴露等级表

情境	恐惧度 (0~100)	逃避指数 (0~100)
1. _____ _____		
2. _____ _____		
3. _____ _____		
4. _____ _____		
5. _____ _____		
6. _____ _____		
7. _____ _____		
8. _____ _____		
9. _____ _____		
10. _____ _____		

资料来源:© 2017 Martin M. Antony,获准使用。

178

想象置身于社交情境之中

无论何时,真实的暴露训练(真正地暴露于自身惧怕的情境之中)总是比想象中的暴露训练要有效。事实上,想象暴露情境很少用于治疗社交焦虑。然而,无论是在真实情境超出个人承受范围时,还是该训练情境在现实中很难实现时(例如,面临大学入学考试,在这之前你却没有任何机会对此进行训练),想象暴露情境都能有所帮助。

想象暴露情境能有效帮助你为进入真实暴露情境做好准备。想象暴露训练的指导方针与真实暴露训练一样。例如,训练频率要高(如果可能的话,最好每天都训练)以及训练时长要久(如持续 30～60 分钟)。只要有可能,在结束想象暴露训练之后就应该马上进入真实的情境进行训练。

当你在进行想象暴露训练时,闭上眼睛,试着将训练情境想象得越真实越好。有些人觉得,可以将训练情境详尽地描述出来并用录音机录下来,然后在以后的训练中放录音来营造气氛,这样做能帮你更好地完成想象暴露训练。而其他人则觉得单纯地想象自己在训练情境中就可以产生焦虑了。不管你用哪种方法,尽量让自己的想象变得真实生动。你想象的暴露训练应该产生和真实的暴露训练中相同的感受,即使想象暴露训练产生的感受比真实暴露训练产生的感受缓和一些。我们建议你在做想象暴露训练时,问自己以下这些问题来帮助自己产生暴露在该情境下的真实感受:

- 我周围是什么? 我周围的环境是怎样的? 还有谁跟我在一起?
- 这个情境中正在发生什么?
- 我现在的感觉是什么?
- 我正在想些什么?
- 我的身体正在经受着哪些生理感受? 这些感受有多强烈?
- 我周围的环境怎么样? 是炎热还是潮湿?
- 在这个情境中,我正在做什么?
- 我听到了什么声音?
- 我闻到了什么气味?

情境角色扮演训练

我们在第 7 章中讲到,情境角色扮演也属于暴露训练。它是指在你进入真实的社交情境之前,在模拟的社交情境中进行排练。角色扮演在为你提供暴露训练机会的同时,又避免了你在真实情境中有可能会遇到的社交风险。换句话说,与真实的暴露训练相比,模拟的训练不会让你遭受什么损失。以下是一些范例,这些范例会教你如何通过情境角色扮演来让自己更加轻松地面对社交情境,并提升你应对某些特定社交情境的技巧。

- 若你需要在工作中做一个正式的陈述,那么在开展真实的陈述之前,你可以先在你朋友和家人面前排练一次,并征询"听众们"的反馈意见。可能的话,把这个模拟训练重复几次。
- 如果你害怕在派对上与陌生人交谈,那么你可以请你的搭档(可以是好友或亲戚)扮成一位陌生人。想象一下,你们俩都提早到了派对并在客厅里等候,这时主人正在厨房准备食物。与你的搭档进行闲谈,假装这是你们第一次见面。
- 如果你最近有一个工作面试,你可以请朋友和家人扮演你的面试官,进行一场模拟工作面试。
- 如果你想邀请某人约会,你可以和你的好友或亲戚演练一下在这样的情境之中你会说些什么话。

在以下空白处再写几个能帮你直面自身所惧怕的情境的角色扮演训练。

1. _____

_____

_____

2. _____

_____

_____

3. _____

4. _____

_____

_____

5. _____

_____

_____

用记录表和日记来记录暴露训练

在暴露训练的过程中做好记录将有效地帮助你长期监测自己的训练进程。表8.4列出的暴露训练监测表就是一个很好的日记记录形式的范例,你可以使用该表格来记录你的暴露训练。此外,你还可以利用该表格来挑战你的情境焦虑想法。或许这个表在你第一眼看来有些复杂,但随着训练的进展,你会发现它越来越容易完成。

在表8.4的最上方,描述一下你正在进行暴露训练的情境的一些具体特征,如日期、时间以及训练的时长、训练前后的恐惧度(使用0~100的评分标准,0代表没有任何恐惧,100代表最大限度的恐惧)。表格的中部用来检验你在该情境下产生的恐惧想法和恐惧预测的正确性和有效性。前三栏的内容要在训练开始之前完成,最后一栏要在训练结束后再完成。

在第一栏中记录面对即将开始的训练,你的心情如何(是恐惧还是紧张)。第二栏和第三栏用来记录你的恐惧想法和恐惧预测,以及能证明这些预测正确性的依据(第6章介绍了很多你可能会产生的恐惧想法,并对如何根据得到的证据对这些恐惧想法进行评估做了相关指导)。在完成暴露训练之后,记录下训练结果(到底发生了什么),训练中产生的任何新的证据,以及你对自己最初的焦虑想法和预测正确性的重新认识。

在表8.4的底部,记录下你在训练过程中每一阶段的恐惧度,使用0~100的评分标准:0代表完全不恐惧,100代表最大限度的恐惧。记录恐惧度的频率要根据训练历时的长短来决定。例如,如果暴露训练持续10分钟,那么你每分钟都得评定一次你的恐惧度;如果训练历时一天,那么就每30分钟评定一次。该表格可以供你完成20次的恐惧度记录,当然,你也许

表 8.4 暴露训练监测表

暴露训练情境：_____　　日期和时间：_____

暴露训练时长：_____　　最初恐惧度（0～100）：_____

最终恐惧度（0～100）：_____

暴露训练开始之前	完成暴露训练之后
你对该暴露训练有哪些想法和预测？你觉得在训练过程中会发生什么？ 当想到要进行该暴露训练时，你会产生哪些感受？（如紧张、愤怒）	1. 该训练的结果是什么？到底发生了什么？ 2. 从此次暴露训练中你得到了什么证据？你最初关于该情境的想法和预测是否正确？
你有什么证据能证明你的恐惧想法和预测是正确的？	1. 训练结果 2. 得到的证据

恐惧度（0～100）

在暴露训练过程中要时不时地评定你的恐惧度（0～100）。例如，在一个历时 20 分钟的暴露训练中，每 5 分钟评定一次你的恐惧度。对于一个历时 2 小时的暴露训练，则需每 15 分钟评定一次。下表可以供你完成 20 次恐惧度记录。

1._____　2._____　3._____　4._____　5._____　6._____　7._____　8._____　9._____　10._____　11._____

12._____　13._____　14._____　15._____　16._____　17._____　18._____　19._____　20._____

在此次训练的基础上，你下一步该做什么暴露训练？

资料来源：© 2017 Peter J. Bieling & Martin M. Antony 获准使用。

并不需要记录这么多次。最后一步就是计划你的下一次训练,你可以反问:"在这次训练的基础上,我下一步该做什么训练呢?"

暴露于自身惧怕的生理感受之中

除了惧怕社交情境,有高度社交焦虑的患者往往还惧怕出现由焦虑导致的生理反应。这些症状往往并不太能被别人注意到,例如脸红、手抖和流汗,尽管其他焦虑症状同样吓人,如心跳加速或是眩晕。症状暴露法(也称内感觉暴露法)指的是通过练习故意让社交焦虑患者产生令他们感觉不适或感到焦虑的生理感受。症状暴露法旨在让患者不断练习,直到认识到自己所惧怕的结果并不是真的,或直到自己的焦虑感消失为止。表8.5列出了一些症状暴露训练范例以及其引发的典型感受。在表8.6中,你可以记录你认为会引起你恐惧症状的其他练习。

表8.5　暴露训练生理监测表样本

症状暴露训练	典型感受
穿衣过暖	流汗、脸红、潮热
喝一杯热饮或热汤	流汗、脸红、潮热
坐在一个又热又闷的地方(如桑拿室、很热的汽车里或有取暖器的小屋里)5～10分钟	流汗、气喘、窒息、皮肤灼热、脸红
紧绷全身的肌肉(60秒,或尽可能地长)	哆嗦、发抖、气喘、窒息、心动过速、头晕或头昏眼花、脸红
搬起很重的东西或提包(60秒,或尽可能地长)	哆嗦、发抖、气喘、窒息、心动过速、头晕或头昏眼花、脸红
原地跑步或在楼梯上跑上跑下(60秒)	心跳过速、气喘、窒息、胸口发闷、流汗、哆嗦或发抖、脸红
在转椅上旋转(60秒)	头晕、昏厥、头昏眼花

续表

症状暴露训练	典型感受
过度呼吸（每分钟 100～120 次的浅呼吸；60秒）	气喘、窒息、头晕或头昏眼花、心动过速、感觉虚幻、哆嗦、发抖、麻木、有麻刺感
通过又短又细的吸管进行呼吸（如果需要的话，堵住你的鼻子；2 分钟）	气喘、窒息、心动过速、头晕或头昏眼花、胸闷、发抖

表 8.6　暴露训练生理监测表

其他症状暴露训练	我的感受

其他症状暴露训练	我的感受

症状暴露法适合你吗

如果你不害怕焦虑时产生的感受,也不在乎别人是否注意到你的焦虑症状,那么你就没有必要进行症状暴露训练。然而,如果你有以下任何一种问题,那么症状暴露训练对你就会有帮助。

- 即使你不在社交情境中,你也常常会害怕出现焦虑症状,例如心动过速、头晕、发抖、脸红或流汗。
- 你害怕在他人面前出现焦虑症状。

如果你害怕出现生理上的唤醒反应,那么社交情境外(如家中)的症状暴露训练就会对你有帮助。如果你仅仅是害怕在别人面前出现焦虑症状,那么我们建议你将症状暴露训练和情境暴露训练结合起来进行。

症状暴露法是如何产生疗效的

与情境暴露训练一样,症状暴露训练通过向患者展示其恐惧想法、假设和预测毫无依据来降低患者的恐惧感。通过在可控制和可预测的情况下故意引发恐惧症状,你将意识到以下两点:第一,你可以在某种程度上控制你认为在通常情况下无法控制的感受;第二,当这种感觉出现时,你可以应付好,就算是你在别人面前出现了明显的症状,也不会产生什么严重结果。

通过学会在别人面前展示自己的焦虑,并让其他人发现你的焦虑症状,如发抖、脸红,你最终会变得不那么在意自己的焦虑和在出现焦虑症状时别人对自己的看法。通过不再过度关注自己的焦虑症状,你在社交和表现情境中就不会那么焦虑了。

症状暴露法注意事项

如果你身体很健康,那么本章中提到的练习对你来说就很安全。然而,如果你有某些健康问题的话,有些练习可能会加重你的病情。例如,如果你患有哮喘或重感冒,你最好不要进行过度呼吸或吸管呼吸练习;如果你因耳道感染而产生头晕的症状,那你最好不要采用在椅子上旋转的练习。安全起见,我们建议先向医生咨询,哪些练习对你而言是危险且存在问题的。

症状暴露训练分步指导

本节介绍了利用症状暴露训练克服身体唤醒反应的三个步骤:①找出激发你恐惧症状最有效的练习(或症状激发检测);②在非社交情境中进行症状暴露训练(详情请见下文第二步);③在社交情境中进行症状暴露训练。

第一步:症状激发检测

在进行有规律的症状暴露训练之前,你应当找出最适合你的练习。你可以在家中进行每个练习,留意你的症状类型,练习对你恐惧程度的影响以及这些症状与你在真实社交情境中的恐惧感有多少相似之处。你可以利用表8.7的症状激发检测表来记录相关信息。在表格空白处,你可以记录你在阅读本章之前已确认要做的暴露训练。

表8.7 症状激发检测表

说明:在家中完成每一次症状暴露训练之后,你需要做以下三点:①记录你产生的症状;②记录恐惧度(0 ~ 100,0 代表不害怕,100 代表非常害怕);③预测你在其他人面前时(如在会议上、与朋友共进晚餐时或做陈述时)出现此类症状后所产生的恐惧(0 ~ 100,0 代表不害怕,100 代表非常害怕)。

练习	症状	恐惧度(在家中练习时)(0 ~ 100)	预估的恐惧度(预测你在其他人面前时)(0 ~ 100)
穿衣过暖			
喝热饮或热汤			
坐在一个又热又闷的地方(如桑拿室、很热的汽车里或有取暖器的小屋里,5 ~ 10 分钟)			
紧绷全身的肌肉(60 秒或尽可能地长)			
搬起很重的东西或提包(60 秒或尽可能地长)			
原地跑步或在楼梯上跑上跑下(60 秒)			
在转椅上旋转(60 秒)			
过度呼吸(每分钟,即 60 秒 100 ~ 120 次的浅呼吸)			
通过又短又细的吸管进行呼吸(如果需要的话,堵住你的鼻子;2 分钟)			
其他练习			
其他练习			

资料来源:© 2017 Peter M. Antony 获准使用。

第二步：在非社交情境下进行症状暴露训练

检测你在表 8.7 第三栏中的评级。在没有他人在场的情况下，你在家中进行这些练习有没有成功激起你的恐惧症状？如果有，那么继续在家中进行这些练习则对你很有用；如果没有，那么你可以跳到下面的步骤。

列出暴露训练练习表并将其分级。要制作一张等级表，你首先要排除不会让你产生焦虑的练习（你需要依据你在表 8.7 中记录的内容来进行这一步）。例如，如果通过体育运动（如慢跑）产生的症状不那么令你恐惧，你就可以将其从表格中移除。接下来，根据难易程度对剩余的练习进行排列，最简单的在表格最下方，最难的在表格最上方。记录你对每一项练习产生的恐惧度的预期（0 ~ 100，0 代表不害怕，100 代表非常害怕）。表 8.8 是一个非社交情境暴露训练等级表范例。

表 8.8　症状暴露训练等级表

练习	恐惧度（0 ~ 100）
1. 独自在家中进行过度呼吸练习（1 分钟）	60
2. 独自在家中进行吸管呼吸练习（2 分钟）	45
3. 独自在家中做转椅上旋转练习（1 分钟）	35
4. 原地跑步或在楼梯上跑上跑下（60 秒）	30

接下来，你就可以利用这张等级表来帮你选择暴露训练项目。你需要从那些看起来比较有挑战性但又在你承受范围之内的练习。当你选择一项练习之后，每天找出两个 15 分钟去反复做这个练习。每重复一次练习，你可以短暂休息一下（30 秒或几分钟），或至少使焦虑症状消失。接着练习 5 到 6 次，或直到你的焦虑或恐惧感消失。每完成一次练习，你都会出现一些由该练习导致的症状。然而，你对这些症状的恐惧程度会随着练习和时间的推移而逐渐减轻。例如，如果你在进行过度呼吸练习，那么你在每次练习结束后就会感到闷热和轻微头痛。然而，随着时间的推移，这种症状会慢慢减轻。

对症状暴露训练做好记录将能有效地帮助你检测自己的进步。你可以采用表 8.9 的症状暴露训练日记来记录每一次的练习结果,从而挑战自己产生的焦虑想法和焦虑预测。

表8.9　症状暴露训练日记

说明:在每次症状暴露训练之后,你需要完成本表格。在第一栏中记录练习编号(1、2、3……)。针对每一项练习,你都要做到以下四点内容:①记录你出现的症状;②记录你的恐惧度(0～100,0代表不害怕,100代表非常害怕);③记录由该练习引发的具体的焦虑想法和焦虑预测(例如,我在接下来的几天都会感到很闷热,并且汗流不止);④写下更加均衡、现实且灵活的想法,并用该想法来对抗你的焦虑想法和预测。与此同时,你还需记录其有效性的证据。

暴露训练:_____

地点:_____　日期和时间:_____

练习	症状	恐惧指度(0～100)	焦虑想法和预测	均衡、现实且灵活的想法及其有效性的证据
1.				
2.				
3.				
4.				
5.				
6.				
7.				

资料来源:© 2017 Martin M. Antony and R. P. Swinson 获准使用。

第三步:在社交情境中进行症状暴露训练

当你在社交情境中完成情境暴露训练并在非社交情境中完成症状暴露训练后,下一步你要做的就是结合这两项训练。结合症状暴露训练和情境暴露训练会是你在整个暴露训练过程中经历的最难的一步。然而,结合训练将为你提供最强有力的证据,证明你的焦虑预测其实是夸大和不真实的。通过进入你惧怕的社交和表现情境并故意刺激你的焦虑症状,你就能强化自身恐惧感,从而认识到即便你感到很不舒服,这些情境其实都是可以控制的。

在开始之前,你需要回顾表8.7中第四栏的内容(若在有他人在场的社交情境中进行症状暴露训练,你所预估的恐惧度是多少)。选择该栏中评级较高的练习,将其和情境暴露训练相结合。接下来,你可以把这些结合练习添加到你先前制作的情境暴露训练等级表中。使用第二步中介绍的症状暴露训练日记来检测你的训练进程(即便之前你可能跳过了这个步骤)。表8.10是一个情境与症状暴露训练等级示范表。

表8.10　情境与症状暴露训练等级示范表

练习	恐惧度(0~100)
1. 在做陈述前打湿前额(模仿出汗)	100
2. 在做陈述或开会时故意脑子短路	80
3. 在做陈述时故意穿很多衣服	80
4. 在他人面前端着装满水的杯子之前提起满满一袋物品,即提重物(60秒左右)(这样做可以让手发抖)	75
5. 在会议上写字或在拿起水杯时故意手抖	75
6. 在参加鸡尾酒会和闲聊之前,用吸管呼吸(2分钟)	70
7. 在晚餐聚会上喝热汤,让自己脸红和出汗	60
8. 参加聚会前,先绕着街区跑一圈	40
9. 在和某人打电话前,先进行高强度的呼吸	35

社交情境暴露训练分步指导

基于暴露训练的社交焦虑治疗方案应当包含以下几个步骤:

- **制订一份情境暴露等级表**。尽管你需要用这个等级表来指导你的暴露训练,但你还是可以灵活处理各种训练。例如,对等级表之外的练习情境,你也可以自由练习。另外,当某些情境不再引起你的焦虑感时,你可以对你的训练表进行调整。

- **把症状暴露训练加到你的等级表中**。如果你害怕在社交情境中产生的某些感受,你就可以把症状暴露训练放进你的等级表中。如果你害怕在非社交情境中感到焦虑,那么你还需加入非社交情境练习。

- **以每周为基础设计你的暴露训练**。在一周开始之前,你就应计划好本周将实施哪些具体的暴露训练,并制订出实施这些训练的具体日期和时间。

- **制订一个长期的暴露训练计划**。你应当提前计划好下个月你要做的暴露训练。当然,这个计划可能会根据你每周训练的成果而经常改动。

- **选择你暴露情境等级表中处于中间或底部的情境开始训练**。如果一个训练情境过于困难,那么就尝试一些简单一点的。如果一个训练情境不再使你产生焦虑和恐惧,那么就做些更难的。

- **循序渐进地增加训练难度**。当你已经能够轻松应对某些暴露训练情境之后,再开始进行那些难度更大的训练。

将暴露训练融入社交焦虑治疗

尽管置身于自己恐惧的情境之中可以说是克服自身恐惧的最佳方法,但只有把本章以及第 7 章中介绍的暴露训练法应用于暴露训练综合治疗中,才能使其达到最好的效果。除了情境暴露训练,你的社交焦虑治疗过程中还应运用第 6 章所描述的认知策略,这些认知策略可以帮助你从新的角度看待你在焦虑情境中的表现。正如本书前面介绍的那样,我们建议你在正式开始暴露训练之前,先练习几个星期的认知技巧。

同时,你的治疗计划还应包括药物疗法(见第 5 章),正念与接纳疗法(见第 9 章),以及社交技巧训练(见第 10 章),这取决于你的个人需求和偏好。正如你看到和将要看到的那样,这些策略都能用在你实际的暴露训练过程中。暴露训练是实施其他治疗方案的基础。

第 9 章
通过正念与接纳应对社交焦虑

当你读到本章时可能已经认识到,利用诸如回避之类的策略来控制焦虑可能会在短期内有所帮助,但长期看来,作用并不大。如果说这些策略有什么作用,那也只是使焦虑随着时间的推移一直存在。接纳策略也包括拒绝接纳,即不再试图控制焦虑。人一旦真正接纳,甚至欣然接纳焦虑,就会发现自己的生活不再受控于焦虑。

基于前面的内容,我们将在本章中引入一些其他更侧重于提升接纳的策略(如正念,其定义见后文)。本章引用的材料借鉴了他人在发展、研究及描述不同正念和基于接纳的治疗法时得出的成果。比如,接纳承诺疗法、正念减压疗法、正念认知疗法及辩证行为疗法。各种治疗方法的详细内容并不在本章讨论范围之内(有关综述见 Hayes, Follette & Linehan, 2004)。本章旨在提供一些结合了接纳策略和本书其他策略的实例。

如今,越来越多的研究(如 Kocovski, 2013; Norton, 2015)提倡将正念和接纳疗法用于治疗社会焦虑,并且这些研究用正念和接纳疗法的效果与传统的认知和行为疗法相似。如果想了解更多有关正念和接纳疗法的信息,请参阅《全灾难人生》(Kabat Zinn, 2013)、《跳出头脑,融入生活》[①](Hayes & Smith, 2005)、《晚安,我的不安:缓解焦虑自助手册》(Forsyth & Eifert, 2016)、《社交焦虑和害羞自助手册》(Fleming & Kocovski, 2013)、《少担心,多生活》(Orsillo & Roemer, 2016)。

焦虑控制成本

查尔斯·达尔文写道:"人类在道德文化方面最高级的阶段,就是当我们认识到应当用

---

① 海斯,史密斯. 跳出头脑,融入生活[M]. 曾早垒,译. 重庆:重庆大学出版社,2019.

理智控制思想时（Darwin，1902）。"这种说法反映了一种西方世界的普遍观点，即内部体验（如思想、情感和感觉）应尽可能地处于控制之中。我们中的许多人可能希望能掌控发生在自己身上的事，这并不奇怪。控制感是安全感中的重要因素。比如，心理学家发现，当人没有控制感时，不仅会焦虑，还会做出维持焦虑的行为（参见 Chorpita & Barlow，1998；Hofmann，2005；Korte et al.，2015）。另外，提升控制感有助于缓解社会焦虑和其他与焦虑相关的疾病。如使用与第6、7、8章中类似策略后所带来的焦虑改善与个人控制感的提升有部分关系（Gallagher，Naragon-Gainey & Brown，2014）。

因此，能控制自己的生活通常是件好事。但这是否意味着你也应该尝试控制自己的思想、情感和身体感觉呢？答案是否定的。具有一般的控制感与试图控制内部体验并不是一回事。事实证明，过分控制内部体验对于提高控制感毫无裨益。如前所述，像回避行为和安全行为之类的焦虑控制策略不仅不会减少焦虑，而且会维持焦虑，尤其是从长期看来。相比之下，焦虑接受策略通常更适用于减轻焦虑，增强控制感（如，Gallagher，Naragon-Gainey & Brown，2014；Treanor et al.，2011）。换句话说，要控制焦虑必须先接纳焦虑。

此外，我们还应学会区分"控制内部体验"（如思想和感觉）与"控制外部事件"。例如，对某人的不合理要求做出果断的反应也可能是一种控制压力的有效策略。另外，区分"尝试控制可控事物"（如我们的行为）与"尝试控制不可控事物"（如我们的内部体验）也十分有用。控制自我行为是改善焦虑的有效策略。

如果你在社交场合中感到焦虑，可使用一些策略来控制自己的思想、情感和身体感觉。常见的控制策略包括：

- 为防止情绪恶化，警惕焦虑的征兆
- 注意社交场合中潜在的"危险"（如从他人表情中寻找微弱的批评迹象）
- 回避恐怖的情境
- 用分散注意力等法抵抗或消除焦虑
- 尝试减少身体反应，如出汗、颤抖或脸红
- 尝试控制引起焦虑的想法
- 以安全行为（如避免眼神交流）减少社交场合中的风险或减轻焦虑

你还能想到其他控制焦虑的特定策略及相关经验吗？将它们记录在下面。

_____

_____

_____

思考一下这些策略在当下和未来使用时的效果。这些策略是否可以帮助你在短期内获得控制感？例如，当你远离某一可怕的情境时，你的焦虑感会降低吗？长期来看呢？你经常使用的控制方法是否能帮助你克服焦虑呢？这些方法会给予你控制感吗？你试图控制自己的体验时付出了什么代价？例如，你是否为控制焦虑放弃了某些机会？

通过正念接纳焦虑

正念并不是什么新概念。它的起源可以追溯到两千多年前早期的佛教及其他各种灵修传统（Gethen，2015；Olendzki，2014）。然而，将正念练习整合到主流医疗保健中以及有关该主题的研究在近几十年激增则是一个相对较新的现象（American Mindfulness Research Association，2016）。正念在西方越来越受欢迎，就职于马萨诸塞州大学医学院的科学家乔·卡巴金（Jon Kabat-Zinn）功不可没，他提出了基于正念的减压方法，还出版了几本与该主题相关的书籍（Kabat-Zinn，1994；Kabat-Zinn，2013）。正念的历史根源，尤其是其在接纳疗法中的运用与任何特定的宗教实践或灵修无关，卡巴金将正念定义为，"有意识地将注意力集中于当下，并对当下的一切都不做评判"（1994）。十年后，毕夏普及其同事于2004年提出了一个类似但更正式的定义，该定义强调了两个核心部分：①意识到自己在当下的即时体验，②让自己的注意力处于接纳、不评判以及共情的状态。关于正念，有三件事要记住：

1. **正念是有意识的行为**——换句话说，正念是我们在某一时间点决定做的事情。
2. **正念着眼于当前**——当我们正在做正念训练时，我们会关注当下的体验，而不是沉思过去、思考未来或进行其他分散注意力的活动（如边吃饭边阅读）。
3. **正念是非评判的**——换句话说，我们不评价自己的经历。例如，感到焦虑不代表好也不代表坏。出汗、发抖或脸红也无好坏之分。这些都只是正在发生的事情，仅此而已。

正念和接纳这两个概念可能是很难理解。本质上,正念指进入一种"存在"而非"做"的状态,即一个人只是与其体验相邻而坐,而不做出任何事情来影响、改变或控制该体验。有时用隐喻来解释正念更容易让人理解,如拔河比赛,该隐喻最初被一个客户用来形容其在长期应对焦虑时所做的努力(Hayes, Strosahl & Wilson, 2012)。

想象一下,你正在与一个巨型超强的怪物进行拔河比赛,为了不掉进横亘在你和怪物之间的巨大无底洞,你使出了全身力气。当你使尽全力拉离洞口时却感到自己在节节败退。你可以继续拉扯,但怪物太强,你离洞口越来越近。你还有什么选择呢?你可以选择继续拉扯,但最终肯定会掉入洞中。或者,你可以放弃挣扎,丢弃手中的绳子,不被拉入这个无底洞。在抗击焦虑时,你也拥有相似的选择,你可以继续挣扎,也可以放手。接纳焦虑最终会让人获得自由,继而让人专注于重要的事情或去做想做的事情(而非焦虑引导你去做的事情)。

最终,使用这一隐喻的客户意识到她的目的并非赢得拔河比赛,而是丢下绳子。

改变自己与想法的关系

在第6章中,我们讨论了想法以何种方式助长社交焦虑,并学习了一些改变对社交场合的认识,并以更加平衡、灵活和现实的方式来看待社交场合的策略。正念和接纳法并不会教导人们直接改变自己的思考方式。相反,这两种方法鼓励人们改变自己与想法的关系,将该关系从融合转变为分散(也称为去中心化或抽离)。当人们焦虑不安时往往会与引起焦虑的想法"融合"在一起。换句话说,他们会沉浸在这些想法中,好像这些想法比他们自身更重要。你是否倾向于相信那些引起焦虑的想法,尤其是当你处于极度焦虑时?你是否会按照自己的想法做事(如回避令人恐惧的情境)?如果是这样,正念策略可以教会你与自己的想法保持一定的距离,并不再受其控制。现在许多工具可以帮助人们消除那些引起焦虑的想法或感觉,以下是一些改进后的策略(Fleming & Kocovski, 2013;Hayes & Smith, 2005;Segal, Williams & Teasdale, 2013):

- **认识到想法仅仅是想法**。例如,如果你发现自己有这种想法——其他人觉得我很无聊——时,可以对自己说"我认为别人觉得我很无聊"来将自己从中抽离。

- **说出你的想法**。在第6章中,我们讨论了各种引发焦虑的思维方式,如概率高估、读心症、"应该性"陈述、全或无思维。当你发现自己正以这些思维方式思考时,不论是什么,说出这种思维方式的名字。例如,你可能会对自己说,"我正在读心",或者"那个想法是一种全或无思维"。对思维方式命名可以让人很快从负面想法中抽离。

- **与想法嬉戏**。给你的焦虑起个名字(如拉里),以从中抽离。例如,你可以对自己说"拉里告诉我不要和那个人讲话",而不是"我太焦虑了,不能和那个人说话"。或者,当谈论到那些引起焦虑的想法时,换用另一种声音(如政治人物、电视人物或卡通人物的声音,或者你自己创造的有趣的声音)说出自己的焦虑。最后,可以考虑给自己的想法起个调子并唱出来。这些想法听上去可能很愚蠢,但它们可能会帮助你疏离负面想法,并减少对这些想法的关注。

- **用隐喻远离负面想法**。例如,将你的想法想象成一个瀑布,而你正站在瀑布中间。接着,为了不让自己被负面想法包围,从瀑布下走出来,并在离瀑布几英尺①的地方观察自己的想法。或者,假设自己正坐在一棵高树(或云朵)顶端,你所在的有利位置可以让你像观察自己的想法、感觉和感受一样,观察地面上的草、人、房子、花朵、松鼠、垃圾和其他东西。最后,想象一下你正坐在一条小溪的边缘,看着树叶在水面上漂浮。不论脑海蹿入何种想法,想象其被打印在叶子上,然后跟着叶子随水漂走。这些隐喻(其他隐喻请参阅 Stoddard & Afari, 2014)可能会帮助你摆脱负面想法。你也可以用它们从其他类型的体验当中抽离,比如说情绪(如焦虑、恐惧、愤怒或悲伤),身体上的不适感(如发抖、出汗和脸红)。

正念训练

正念训练的方法有很多种,这些方法都可以帮助你进入非评判、着眼当前的状态。通

---

① 1英尺 = 0.304 8米。——译者注

常,我们建议大家从关注非情感性体验,如声音、感觉、呼吸、进食等来开启正念训练,然后再过渡到更具挑战性的练习,例如注意自己的思想或情绪。正念训练既包括正式练习,如每天花时间进行冥想,也包括在每天任何时候都可以进行的非正式练习,如认真地洗碗或洗澡(Orsillo & Roemer, 2016)。前文提到的正念书籍(以及"推荐阅读"部分中的书籍)包含许多练习,其中一些包含指导性正念冥想,你可以从网上下载或在 CD 上收听。在本节中,我们将讨论三种正念训练方式。

正念饮食训练

正念饮食训练(Kabat Zinn, 2013)通常会使用到葡萄干(因此有时被称为"葡萄干饮食训练"),但也可以使用任何小块食物(如杏仁、焦糖或一片面包)。该训练的目的是以前所未有的方式充分感受葡萄干。具体方法是,将葡萄干放在手掌中,然后用手指感受它,关注其手感、大小和形状。将葡萄干放到鼻子下,闻其气味。最终,将葡萄干放进嘴里,但不咀嚼,然后一直坐着,感受嘴里的葡萄干。随着葡萄干溶于口腔,关注其味道、口感和气味方面的任何变化。如果你有任何咀嚼或吞咽葡萄干的冲动,关注这些冲动,但不要付诸行动。大约一分钟后,咬一口葡萄干,并再次关注其味道、口感和气味方面的变化。最后,吞下嘴里的葡萄干,并体验吞咽葡萄干时的感觉。

正念声音练习

进行正念声音练习时,找一个舒适且不太可能被打扰的地方,室内(如家或工作中的私人办公室)或室外(如公园长椅)都可以。坐下后,通过关注自己的呼吸将注意力转移到当下。大约一分钟后,将你的关注点扩大到周围的声音,注意这些声音的出现和消失。关注这些声音的持续时间、音调高低,以及音量大小,并以非评判的立场来看待这些声音。即使听到烦人或令人不愉快的声音(如狗叫声或喇叭声),也请专注于声音本身,而不对其进行评判。持续练习至少五分钟,抑制提前结束的冲动。你听到了什么声音?人的说话声?树上的风?胃运动时的隆隆声?时钟的滴答声?你是否将这些声音只当作声音,关注其出现和消失?你是否能在不分析或评判的情况下注意到听觉体验的变化。

身体扫描练习

很多人与自己身体的关系很矛盾。你可能喜欢身体的某些方面但讨厌另一些方面。你可能因体重而沮丧，或者厌恶自己在他人面前出汗或发抖。身体扫描练习这一正式的冥想练习由卡巴金于 2013 年提出，主张以非评判的立场对待身体。要进行该练习，首先应闭眼，躺下。接着，将注意力集中在呼吸上，感受肺部的扩张、收缩，空气进出身体的感觉以及你能感知到的任何感觉。之后，将注意力集中在身体的特定部位，但同时仍要将注意力集中在呼吸上。除此之外，还要关注任何能察觉到的感觉，如紧张、发抖、热、冷、痛、痒、出汗、压力或疲劳。先将注意力集中在脚趾，准备好后，将注意力从脚趾移至脚的其余部分，然后依次移至小腿，膝盖和大腿。接下来，再将注意力移至骨盆区域，然后是腹部、胸部、肩膀、手、下臂、上臂。继续将注意力往上转移至脖子，然后是脸部和头部。每天照此练习约 45 分钟。

过一种价值观导向型生活

价值观是一个人重要的品质或人生方向，也是接纳疗法的一部分（Fleming & Kocovski，2013）。价值观包括尊重他人、努力工作或富有创造力。区分价值观和其他相关术语（如"目标"和"行动"）大有裨益。目标指具体且可衡量的行为结果，如结婚、找新工作或给朋友写信（注意，第 4 章也讨论过目标）。行动是指我们为实现目标所做的事情。在接纳疗法中，价值、目标和行动密切相关。人们应该关注与自己价值观相一致的目标，并采取有助于实现这些目标的行动。例如，你的价值观可能包括友善待人，而你的目标是发展一段恋爱关系，那么你采取的行动应该是邀请某人与你约会。即使感到焦虑，为了践行自己的价值观，你也应该采取对应的行动。明确自己的价值观及目标的过程如下：想象一下自己挥舞魔杖便可消除社交焦虑，那你的生活会有什么变化？如果你的生活称心如意，不再遭受焦虑的煎熬，那么你会做些什么？你会从事其他工作吗？你会认识更多人吗？你会建立更多关系吗？你会重新规划时间吗？如果你的焦虑感突然得到改善，你的生活将发生哪些改变。将这些变化记录在下面的空白处。

_____

_____

_____

_____

墓志铭练习

墓志铭练习也可用于明确重要价值观和目标（改编自 Forsyth & Eifert，2016；Hayes，Strosahl & Wilson，2012）。墓志铭是为了纪念死者而写的声明（如报纸上的讣告或墓碑上的铭文）。墓志铭练习要求人们想象自己突然死去后，墓志铭上的内容。再想象如果有机会做出改变，过上更接近自己目标和价值观的生活，自己希望什么样的墓志铭。

步骤1：在纸上写下"焦虑管理墓志铭"这几个字。想象你今天就会去世，那你的生活代表什么？你要怎么才能被人们铭记？你的讣告内容是什么？其他人会怎么评价你？你的墓碑上可能写着什么？萨姆曾经与社交焦虑抗争。以下是他写的焦虑管理墓志铭示例。

今天早些时间萨姆平和地走了。尽管他常常不善于表现自己的善意，但他善良，关心他人。他还有很多才能，不仅聪明还很幽默，而且是个技艺娴熟的运动员。但是，萨姆很少在别人面前展现他的才华。他热衷政治，并一直希望加入本地政府部门，改变自己的社区。他甚至曾被一所法学院录取，但因担心必须与人打交道，拒绝了这个机会。萨姆的社交焦虑严重影响了他的生活，这令人遗憾。因为害怕在别人面前表现糟糕，他尽量不将自己处于被他人评判的风险中。在公开场合，他从不发言，结交新朋友，也避免任何社交。除了偶尔拜访家人和朋友，大部分时间他都独自一人。他干过几份不需要与人交涉的文书工作，但通常，他的能力远超于此。尽管萨姆也渴望婚姻，希望组建家庭，但害怕被拒绝的恐惧使他避免结识新朋友，因此无法建立亲密关系。很可惜，萨姆在去世之前也没有找到理想的伴侣，甚至没有机会参与社区事务。

现在该轮到你了。在下面的空白处(如果空间不够,就写在其他的纸上)写下你的焦虑管理墓志铭。如果你今天就要去世了,你的生活代表什么?

_____

_____

_____

_____

_____

_____

_____

_____

步骤2:仔细阅读你的焦虑管理墓志铭,并反思其内容。你是否过着自己渴望的生活?如果重新活一次,你将做出哪些改变?

_____

_____

_____

_____

_____

步骤3:现在,假设你将活到90岁。结合自己的目标和对你而言重要的事物,为你的价值观导向型生活写一份反映你理想生活的墓志铭。

_____

_____

_____

_____

_____

_____

_____

明确不同人生领域内的价值观和目标

接下来,结合特定人生领域,表 9.1"明确价值观和目标"将帮助你更全面地确定自己的价值观和目标(Fleming & Kocovski,2013;Hayes,Strosahl & Wilson,2012)。第一列列出了 10 个生活领域(Hayes,Strosahl & Wilson,2012),针对每个领域,对自己提出下列几个问题:

(1)这个生活领域对我重要吗?

(2)这个领域中有我害怕的社交场合吗?

如果你对问题 1 或 2 的回答为否,则跳至下一个生活领域。如果你对问题 1 或 2 的回答为"是",请继续回答以下问题:

(3)我在该生活领域中持有哪些价值观?例如,我想成为什么样的人?我想拥有什么样的生活?第二列的问题可以帮助你明确每个领域的价值观,可在该列空白处写下这些价值观。

(4)我在该生活领域中想达到哪些目标?换句话说,我想做出哪些具体的改变?第三列列出了不同社交场合下的可能目标,可在该列空白处写下这些目标。

表 9.1　明确价值观和目标

生活领域	价值观	目标范例
家庭关系(非亲密关系) 注意,若该领域对你的价值观不重要,跳至下一个领域	• 我想成为一个什么样的兄弟(或姐妹)、父母、孩子、侄子(或侄女)、表弟、祖父母或孙子 我的价值观: ————————— ————————— ————————— ————————— —————————	• 邀请家人共进晚餐 • 为我的孩子办生日派对 我的目标: ————————— ————————— ————————— —————————

生活领域	价值观	目标范例
亲密关系（如婚姻、伴侣关系） 注意,若该领域对你的价值观不重要,跳至下一个领域	• 我想成为什么样的伴侣 • 我想拥有什么样的关系 我的价值观: _____ _____ _____	• 约会 • 结婚 • 向伴侣倾诉个人感受 • 和伴侣一起同其他夫妇交往 我的目标: _____ _____
友谊和其他社会关系 注意,若该领域对你的价值观不重要,跳至下一个领域	• 成为某人的好朋友对我意味着什么 • 我期望什么样的友谊 我的价值观: _____ _____ _____	• 加入俱乐部,结识与我有共同摄影兴趣的人 • 和同事共进午餐 • 在社交媒体上与朋友聊天 我的目标: _____ _____
职业/就业 注意,若该领域对你的价值观不重要,跳至下一个领域	• 我想从事什么工作 • 我想成为什么样的员工 • 我期望什么样的友谊 我的价值观: _____ _____ _____	• 与潜在雇主一起参加会议,建立关系网络 • 申请工作 • 要求上司增加工作职责 我的目标: _____ _____

生活领域	价值观	目标范例
教育、学习和个人成长 注意,若该领域对你的价值观不重要,跳至下一个领域	● 你想多学习哪方面的内容,为什么 我的价值观: ＿＿＿＿＿＿＿＿＿ ＿＿＿＿＿＿＿＿＿ ＿＿＿＿＿＿＿＿＿ ＿＿＿＿＿＿＿＿＿ ＿＿＿＿＿＿＿＿＿	● 考取当地大学的 MBA ● 上烹饪课 ● 上私教钢琴课 我的目标: ＿＿＿＿＿＿＿＿＿ ＿＿＿＿＿＿＿＿＿ ＿＿＿＿＿＿＿＿＿ ＿＿＿＿＿＿＿＿＿ ＿＿＿＿＿＿＿＿＿
娱乐和休闲 注意,若该领域对你的价值观不重要,跳至下一个领域	● 我对哪些休闲领域感兴趣 ● 我期望怎样的娱乐生活 我的价值观: ＿＿＿＿＿＿＿＿＿ ＿＿＿＿＿＿＿＿＿ ＿＿＿＿＿＿＿＿＿ ＿＿＿＿＿＿＿＿＿ ＿＿＿＿＿＿＿＿＿	● 参加单身邮轮旅行 ● 在沙滩上玩耍或在街上的公园里阅读 ● 在热门人气餐厅吃晚餐 我的目标: ＿＿＿＿＿＿＿＿＿ ＿＿＿＿＿＿＿＿＿ ＿＿＿＿＿＿＿＿＿ ＿＿＿＿＿＿＿＿＿ ＿＿＿＿＿＿＿＿＿
灵性(指一切对你来说具有"精神性"的事物) 注意,若该领域对你的价值观不重要,跳至下一个领域	● 我期望怎样的精神生活 我的价值观: ＿＿＿＿＿＿＿＿＿ ＿＿＿＿＿＿＿＿＿ ＿＿＿＿＿＿＿＿＿ ＿＿＿＿＿＿＿＿＿ ＿＿＿＿＿＿＿＿＿	● 和孩子一起参加宗教服务(如教堂、犹太教堂或清真寺) ● 参加冥想课 ● 与朋友一起亲近大自然(如远足) 我的目标: ＿＿＿＿＿＿＿＿＿ ＿＿＿＿＿＿＿＿＿ ＿＿＿＿＿＿＿＿＿ ＿＿＿＿＿＿＿＿＿

生活领域	价值观	目标范例
社区参与 注意,若该领域对你的价值观不重要,跳至下一个领域	• 我认为自己在社区中的角色 • 为什么社区参与对我很重要 我的价值观: _____ _____ _____	• 参加今年的邻居聚会 • 为我最喜欢的市长候选人宣传 • 去收容所当志愿者 我的目标: _____ _____
身体健康 注意,若该领域对你的价值观不重要,跳至下一个领域	• 哪方面的健康对我来说最重要(如饮食、运动、睡眠、吸烟等) 我的价值观: _____ _____ _____	• 预约一次一直被推迟的身体检查 • 每周去健身房锻炼 3 次 • 为控制焦虑停止饮酒 我的目标: _____ _____
其他(如艺术、美学、环境或你能想到的任何其他领域)	我的价值观: _____ _____ _____	我的目标: _____ _____ _____

付诸行动

确定了具体的价值观和目标后,你应该明确愿意做出哪些改变。在规划"改变计划"时,回顾一下第 7 章和第 8 章。"行动计划"中的大部分内容可能会与先前"暴露训练计划"中的活动重叠。在制订行动计划时需注意:

- 行动应以你的价值观和基于价值观的目标为基础。

- 将本章前面讨论过的正念和接纳的策略(如在不抵触、不控制、不评判的状态下观察想法、情感和感觉)融合在行动中。

- 明确可控的事物(行为)和不可控的事物(内部体验)。

- 记住,改变是一段旅程,而不是目的地。改变是一个过程,而非目标。

想想墓志铭练习中萨姆的例子,他确定了一些对他来说重要的价值观和目标。他对政治感兴趣,并希望通过参与地方政府事务来改变自己的社区。他后悔拒绝了法律学校的录取,因为他相信律师职业会让他有机会做出对这个世界有意义的事。萨姆还想建立恋爱关系,并最终组建一个家庭。基于这些目标,萨姆可能采取什么行动?

萨姆决定在这三个领域都采取行动。首先,他自愿参加了当地市长候选人的竞选活动。除了参与当地社区事务外,参加竞选活动还为萨姆提供了一个认识新朋友的机会,而这些新朋友在选举结束后仍会与他保持联系。其次,萨姆再次申请了法学院,而这一次,他承诺如果被录取,就会入学。最后,萨姆在在线约会网站上发布了个人资料并开始约会,其目标是建立有意义的恋爱关系。在这些行动中,约会让萨姆最为焦虑,尤其是前几次约会。但是,他在有意识地应对焦虑——他意识到了焦虑的存在,但没有采取任何措施来控制或抵抗它。通过反复练习,约会对他来说不再那么棘手。

现在,让我们看看自己。你已经读过本书前面的章节并进行了练习,所以你已经在努力地改变自己。结合先前确定的核心价值和目标,回想一下是否还有对你来说重要的事,而你尚未做出改变?或许你可以问自己一个简单的问题:你现在想改变什么?你将采取哪些行动来改变?将回答记录在表9.2中。

表9.2　你想要做出的改变及行动

我想做出的改变	帮助我改变的行动
1.	

我想做出的改变	帮助我改变的行动
2.	
3.	
4.	
5.	

结　语

在本章中,我们介绍了正念和以接纳为导向的焦虑管理方法。这些方法旨在改变应对社交焦虑症状的立场,让人们不再试图控制焦虑,而是用心体会焦虑。接纳策略中使用的一些方法可以使人变得更加专心(以非批判的方式感受当下的体验),更加专注于与个人核心价值观相符的有意义的行为。这些方法是对前面各章中讨论的策略的补充,也可以运用于第 4 章中制订的综合治疗计划中。

促进接纳的方法有很多,本书讨论过的认知和行为策略也包含在其中。例如,在第 6 章中,我们讨论了一些改变思维的策略,这些策略的目的并不是鼓励人们"控制"思维,而是通过帮助你从不同的角度看待令人恐惧的情境,从而促使人们以更加灵活而均衡的方式思考。你可以使用这些策略向自己证明,在社交场合中感到焦虑并不奇怪,他人对自己的负面评价也是日常生活的一部分(请记住,没有人会被所有人喜欢)。同样,为了促进接纳,第 7 章和第 8 章中讨论的暴露的策略鼓励你在不试图控制或抵抗不适感的情况下体验恐惧。这些章节中讨论的策略与控制无关,其重点是灵活运用,促进接纳。

第 10 章
更有效地沟通

有时候你的行为传达给他人的信息是否与你的本意不同？你在接受采访时会变得呆板吗？与他人交谈时你倾向于避免眼神交流吗？你的肢体语言在告诉他人远离你吗？为了避免犯错你是否会逐字阅读演讲稿？别人是否经常觉得你没有认真聆听他们的话？人们会将你的羞怯误解为冷漠或自负吗？本章内容是关于如何有效沟通以使信息按照本意传达给他人的。

传达信息

对于某些人而言,回避社交场合会让他们永远无法掌握有助于与他人有效沟通的技巧。例如,如果你因为恐惧而不敢申请工作或邀请别人约会,那你可能永远都不知道如何最好地应对这些情况(如说什么、穿什么、怎么表现等)。与他人进行有效互动的能力要通过学习才能获得,就像弹钢琴需要学习,跑马拉松需要训练一样,这都需要实践。当在曾经回避的情境中有了更多的经验,认识到什么有效、什么无效,你就会有所提升。本章介绍了提高与他人互动质量的方法,其中大多数策略都可以在暴露训练(见第 7 章和第 8 章)中使用。

在阅读本章时,有几点要牢记。首先,我们撰写本章的目的并非说明你缺乏社交技能。实际上,大多数被我们帮助过的社交焦虑症患者都有良好的社交能力。你的社交和沟通技巧可能比你想象的要好得多。相反,我们的目标是帮助你认识到,你不同的行为方式可能对他人产生不同的影响,并帮助你在适当的时候改变特定的行为。

其次,你应该记住,没有人拥有完美的社交技能。在一种情况下或对一些人最有效的方法可能并不适用于另一种情况或另一些人。例如,能与一个人成功约会的最佳方法可能会遭到另一个人的拒绝。尽管一种特定的面试风格可以帮助你获得工作,但在另一场面试中或面对另一位面试官,这种方法也可能会给你带来不利。换句话说,无论你的社交能力有多么强,它们不可能是完美的。就像每个人一样,你偶尔会受挫,偶尔也会给他人留下不好的印象。

最后,本章的策略不应该被视为每个人都应该遵循的规则。相反,在某些情况下,它们对你来说只是有所帮助的建议和指导。例如,我们认为,有的人可能认为某些肢体语言(如在谈话过程中站得离他人过远)代表冷漠,或者对方并不想与自己谈话。然而,站得太近可能会使其他人感到不适。不幸的是理想的个人空间范围很难确定。不同的人有不同的空间范围偏好,并且这种偏好也因种族和亚文化而异。也就是说,对于某些群体来说,谈话时就应该站得离对方近。但是在其他群体中,这种规范可能会引起极大的不适。鉴于一个人通常很难知道如何在特定情况下表现,因此最好不要太沉迷于自己是否完美地运用了这些策略,或者你是否给别人留下了完美的印象。

表 10.1 列出了我们将在本章中讨论的沟通技巧。阅读时,请留意某些你想提高的技巧。

表 10.1　有效的沟通技巧预览

技巧	例子
倾听技巧	● 别人说话时仔细倾听,而不是与他人做比较,思考接下来要说的话等
非语言交流技巧	● 与他人交谈时进行适当的眼神交流 ● 注意肢体语言 ● 在对话的过程中与他人保持适当的距离 ● 适当地微笑 ● 说话时,语气自信,音量不可过低
对话技巧	● 如何开始和结束对话 ● 保持对话畅通 ● 不在别人面前妄自菲薄 ● 不要做无谓的道歉 ● 适当透露个人信息

续表

技巧	例子
工作面试技巧	• 面试准备 • 设计着装 • 预测面试官的问题 • 准备提问 • 明确面试结束后该做的事情
积极沟通	• 沟通时要自信，不要过于被动或激进 • 主动提出要求 • 处理好矛盾，尤其是与自己意见相左，可能对你生气或产生敌意的人 • 学会区分干涉他人时间和隐私与合理请求帮助或建立社交联系之间的区别
结识新朋友、约会技巧	• 展现基本礼节 • 寻找约会对象 • 邀请对方共进午餐或晚餐 • 引出话题 • 优雅地结束约会 • 如何回应被拒绝
陈述和公开演讲技巧	• 为听众营造参与感 • 设计幻灯片和其他视听辅助工具 • 整理演讲内容 • 回答听众提问

当然，这一章无法涵盖所有的主题。实际上，市面上有许多关于这些领域（演讲、访谈、约会、自信、倾听等）的书籍。我们建议你参考本书末尾"推荐阅读"中的内容。此外，涉及社交和沟通技巧方面多个主题的好书有很多，如《沟通的艺术》（McKay，Davis & Fanning，2009），《信息指导书：在工作和家庭中有效沟通的策略》（Davis，Paleg & Fanning，2004），以及经典著作《人际交往技能》（Bolton，1979）。

在练习本章的技能时，用智能手机或其他视频记录设备记录练习过程（尤其是涉及角色扮演的练习）可能会有所帮助。你可以观察自己的表现，看看在哪些方面还有待提高。如果你足够勇敢，也可以请信赖的朋友、亲戚或同事就你的表现提供建设性的反馈。对许多人来说，观看自己的表演或接受他人的反馈会引起与焦虑相关的消极思维。如果是这样，你可以使用第 6 章中的策略来对抗消极思维。此外，反复练习会让观看视频、接受建设性的反馈变得更容易。

最后，你也可以在网上观看展示各种社交行为的视频。许多网站都有关于提高沟通技巧的免费视频，内容涉及进行眼神交流、有效使用肢体语言、在线交流信息、道歉、工作面试以及公开演讲等。也有网站上提供有关各种社交技能演示和帮助的视频。

学会倾听

交流是双向的。在谈话、接受采访或参加会议时，有效聆听与你的发言内容一样重要。当你感到焦虑时，注意力往往会从情境本身转移到自己在情境中的体验。换句话说，你开始关注自己的感觉，并疑心房间中的其他人是否发现了自己的焦虑症状，是否在说自己的坏话。同时，你对当前情境的其他方面（包括其他人在说什么）的关注会减少。因为没有留意他人在说什么，你可能会越来越不确定自己的回应是否合适。通常来说，即使你认为自己在聆听，也可能只听到了部分内容。

不认真聆听是会付出代价的。首先，你可能会错过对方试图告诉你的重要信息。你可能只会听到部分与焦虑信念相关的消息，从而变得更焦虑。例如，如果你在绩效评估期间仅听到老板的负面评价，而错过了任何积极反馈，那么与听完整个评价相比，你无疑会更难过。只听取一部分信息还会导致不适当的回应，有时你的回应甚至会与谈话内容南辕北辙。此外，对方可能会认为你没有聆听，从而觉得你为人冷漠，注意力分散，或觉得与他聊天很无聊。

有效聆听的阻碍

针对对话、会议、辩论等其他类型的社交互动，麦凯、戴维斯和范宁在《沟通的艺术》（Mckay，Davis & Fanning，2009）中列出了许多经常干扰聆听的因素。人们在社交场合中感到焦虑时，经常出现五种聆听阻碍：

- **将自己与他人进行比较**。我们都会通过与他人比较来评估自己的行为和成就。但是,过度的社交焦虑不仅会导致这种比较频繁发生,还会让我们进行不对等的比较(如与在特定方面比较成功的人进行比较),而之后我们却会感到难过(Antony et al., 2005)。交谈时进行负面比较的倾向(例如,以非言语的评论批评自己,如"我不如他聪明"或者"她比我更有魅力")会干扰一个人聆听谈话内容。

- **过滤他人的话语**。过滤指只听对方说的部分内容。若一个人有社交焦虑,过滤则指只关注对方话语中带有批评或评判色彩的内容(在第6章中,我们讨论过人们如何选择性地关注与自己想法一致的信息,这一点与过滤相似)。

- **精心排练如何回应**。过于担心在谈话或会议中说错话的人可能会在内心练习如何回应他人的评论,而非认真聆听他人的话语。尽管在内心排练是为了确保自己不说错话,但这可能会产生反效果——让你从交谈的情境中分心。并且经常在内心排练可能并不是什么好事。

- **话题转移**。话题转移指当对话变得无聊或令人不舒服时切换话题。就社交焦虑而言,当谈话内容会引发焦虑时,话题转移便会出现。例如,如果某个同事询问你周末干了什么,而你却只能尴尬地承认你整个周末都独自在家,那么你可能会将谈话内容转回与工作相关的话题,而不是告诉对方你认为过于私人的信息。转移话题会使他人认为你没有聆听或对谈论的话题不感兴趣。

- **安抚对方**。安抚就是为了避免冲突,无论对方说了什么都表示认同。社交焦虑与害怕被别人不喜欢或受到负面评价有关,所以有社交焦虑的人通常会竭尽全力与他人达成共识。但是,大多数人并不期望对方总是认可自己的想法。如果你从头到尾都认同对方的话语,那么他可能会怀疑你是否真的在聆听。

提升自己的聆听技能

《沟通的艺术》(McKay,Davis & Fanning,2009)中还提出了许多提高聆听技能的建议。首先,他们认为有效的聆听应该包括积极参与,而不仅仅是安静地坐着接收信息。主动聆听包括适当的眼神交流、总结对方的发言("换句话说,你的意思是……")、请求对方解释(如提出问题以帮助理解),并向对方提供反馈(或对对方的发言进行反应)。反馈应尽可能地及时

（在理解谈话内容后马上反馈）、诚实（反映你的真实感受），并具有支持性（即反馈应温和，不太可能造成伤害）。

此外，聆听时带有同理心也很重要。带有同理心意味着你向对方传达出自己真的明白了对方发出的信息，以及他正在经历的感受。如第 6 章所述，有很多方法可以解释既定的情境。通过努力理解对方的观点，你可以让人更好地倾听、交流。请注意，你不必附和对方的观点，只需要理解即可。但是，即使你觉得对方的话是无稽之谈，相信你仍可识别出一小部分真实的信息。即使不认同对方所讲的全部内容，让对方知晓你明白他的观点将展现你的同理心。

最后，有效的聆听应是以开放的态度有意识地聆听。开放指在聆听时不试图找错。有意识则包括：①清楚自己的知识和经验能理解多少谈话内容；②清楚语言信息和对话中的非言语方面（如语气、肢体语言和面部表情）上的不一致。

有效聆听练习

下次谈话时可尝试运用以下有效的聆听技巧：

1. 在对话期间进行眼神交流。

2. 重述对方说的话，就谈话中任何不理解之处请对方解释。

3. 适当给予反馈，确保自己的反馈及时、诚实并具有支持性。

4. 最后，请确保自己在有意识地倾听，且具有同理心和开放性。

在真实情境中运用了这些技能之后，请在下面列出与平常对话不同的方面。对话持续的时间更长了吗？对话更令人满意吗？对方的反应是否不同？你的焦虑是否比平常少？

_____

_____

_____

非言语交流

在社交场合感到焦虑时，你可能会做出巧妙避免与他人交流的行为，如避免眼神接触，小声说话,甚至回避社交场合。尽管你竭力避免交流,但不与他人交流是完全不可能的。实际上,你在谈话中的语言表达只是你与他人交流信息的一小部分。而沟通中的非言语方面,如你与他人的身体距离、眼神接触、肢体语言、语气和音量等传达的信息可能与语言表达一样多。实际上,即使远离了令你恐惧的社交场合,你还是会向他人传达信息。例如,若你多次缺席工作会议,其他人可能会认为你是个害羞、无趣、不负责任或不友善的人。

尽管害羞或有社交焦虑的人希望得到他人的积极回应,但他们经常性的非言语行为则向他人传达"离我远点"的信息。非言语行为的例子包括身体向后倾斜或站得离他人较远、避免眼神接触、说话小声、双臂交叉环抱胸前、握紧拳头以及面部表情严肃。你可能认为这些行为会在焦虑的情境中保护你,但并非如此,它们可能会给你带来伤害。

这些行为不仅不能保护你免受潜在威胁或被他人评价,还极有可能增加负面反馈出现的概率。例如,在聚会上,人们最有可能接近面带微笑、有目光交流或在谈话的人。如果有人站在很远的地方,说话小声,并避免目光接触,人们很自然地会认为该人对聊天不感兴趣或很难结识。

当然,适度很关键。过多的眼神交流会使他人感到不适,此外,站得太近或在不适当的时间微笑可能会使对方感到不安。不幸的是,因为许多变量在同时起作用,所以不可能为每种行为都设置一个恰当的度。对一种情况有效的方法不一定适用于另一种情况。例如,虽然在亲密谈话几英寸的距离对情侣来说很正常,但与同事交谈时你却会站得远一点。非语言交流在跨性别和跨文化时也会有所不同。所以,我们建议你多尝试,这样才能发现不同情境中最合适的非言语行为。

封闭的非言语行为传递的信息是"我没空",从而关闭了沟通渠道。社交焦虑通常会导致以下封闭的非言语行为:

- 坐姿向后倾斜(相对于向前倾)
- 站得离另一个人较远(相对于站得近)
- 避免眼神接触(相对于适当的眼神接触)
- 说话小声(相对于以容易听到的音量说话)
- 双臂交叉环抱胸前(相对于双臂呈非交叉状或做手势)
- 握紧拳头(相对于双手张开)

- 面部表情严肃(相对于热情微笑)
- 说话语调胆怯(相对于说话语调自信)
- 弯腰而坐(相对于笔直坐立)

开放行为练习

你是否频繁做出过以上封闭行为？如果有,请在下周的暴露练习期间以开放行为替换一些封闭行为。在下面的空白处记录你的体验。例如,记录人们是否因为你的笑容、眼神交流或大声说话而对你有不同的回应。

_____

_____

_____

对话技巧

你是否经常努力寻找聊天话题？你是否因为无话可说而在聚会或会议上保持沉默？当你参与对话时,也许会发现讨论很快结束,因为你和对方再无话可聊。在本节中,我们会讨论如何开始和结束对话,以及如何提高对话质量。我们的建议可能会因不同的交谈类型而有所改变,如与同事或同学的谈话、与约会对象的谈话或在排队等候时与陌生人的谈话。

请记住,本节的建议并不能百分百保证交谈顺利进行。例如,如果你与同乘电梯的人攀谈,对方可能会积极回应你,也可能会皱眉并对你置之不理。如果你在尝试与某人对话时,对方给予负面回应,请记住这不一定是因为你做错了什么,对方可能只是害羞或担心自己的安全(他可能从小被教导不要和陌生人说话)。另外,你的谈话也有可能被误解。如果在特定的练习中对话无法顺利开展,请尝试思考原因并找出下次可以改进的方面。从经验中学习能帮助你更好地规划练习,之后的实践才能取得更好的效果。

最后,如果你想了解更多如何开始对话的信息,可以供参考的书有很多。我最推荐的一本是艾伦·加纳 1997 年所著的经典对话指南《怎样才叫会说话:掌控话语权的 13 种沟通技巧》的第三版。

开始对话

要开始一段对话可能很难,但练习通常会让此变得容易。开始对话的机会无处不在。例如,人们经常在杂货店、电梯及其他公共场所,或者在公共汽车、地铁和飞机上与陌生人攀谈。人们也会在聚会、婚礼、葬礼和工作场所与他人交谈。在聚会上,我们建议你加入已经开始谈话的人群里。在他们身边站了一两分钟后就可以加入对话。如果你是一名大学生,在教室里的座位相对固定,那么你将与某些学生反复接触,如此闲聊的机会就更多了。另外,提前到教室也可以在上课前与其他人聊天。

对话的主题可以从友好而非太私人的话题开始(如果你不太了解对方,这一点尤其重要)。你可以以一个问题(如"你周末过得怎么样")、一句称赞(如"我喜欢你的新发型")、一个观察结果(如"我发现你换了辆车")或介绍(如"我们以前没见过吧,我叫……")开始对话。爱好、工作、最近看过的电影或电视节目、天气、最近读过的书、假期、最近的购物旅行或郊游以及运动都是不错的话题。聊天进行了一会儿后,可以讨论一些更具争议性的话题,例如政治、人际关系、个人感觉、困难的家庭状况和性。但是,在决定对话的尺度前,应慢慢引入以上话题,并观察了对方的反应。除非与对方相熟或对方正在和你谈论类似的私人信息,否则请尽量避免讨论过于私人的话题。在聚会或初次约会时,可以谈论自己的工作或父母的工作,但通常最好不要谈论一些沉重的话题(如过去的性侵犯经历、近期的抑郁症等)。

提高对话质量

以下是一些提高对话质量的方法:

- **对话是双向的**。仅听对方说话是不够的,只谈论自己而不给对方说话机会也不合适。当然,也有例外,有些人乐于一直聆听,而有的人更喜欢全程发言。但是,大多数人认为有机会表达自己的想法、感受和经验,并听取他人的观点和经验的对话才更有趣。
- **积极聆听的技巧**。本章前面提到过的积极聆听技巧可以提高对话质量。但尤其要回顾一下看自己是否真的理解了对方的话。

216

- **透露一些(但不要过多)个人信息。**如前所述,在谈话初期给出的信息不应过于私人。相反,你可以从周末活动、喜欢的运动队、最近看过的电影或参加的课程开始对话。
- **对对方表现出兴趣。**例如,你可以通过要求对方解释或追问更多细节来跟进对方的讲话。
- **轻轻地触碰。**在某些情况下,触碰另一个人(如手臂轻触)是合适的。但触碰只有在以不过分强迫的方式并可以自然地完成的情况下才能被允许。注意,触碰的正确使用方式因性别和文化而异。在正式场合触碰可能会使他人不悦。
- **注意细节。**在讲故事时,请注意听众的反应来决定故事的细化度。也可以看看别人的故事讲得有多细致,并据此决定发言内容的详细程度。如果你在讲故事时发现其他人开始觉得无聊或看手表,请以该信号作为对话结束的标志。另外,请确保对话中包含细节,细节过多或太少都会降低对话的有趣度。
- **给予和接受称赞。**请确保自己对他人的称赞诚实(不要对讨厌的人说喜欢),且恰当。尽管偶尔受到称赞是不错的体验,但称赞过多或过分称赞都会让人不舒服。如果被他人称赞,你只需要说"谢谢"。不要轻视他人的称赞或让称赞你的人因此沮丧。
- **注意自己的非言语行为。**例如,进行适当的眼神交流后再开口,对方才能听你说话。

提　问

提问会反映对方说的什么内容令你感兴趣。你可以询问对方的经历(如"你昨晚去的那家餐厅怎么样"),也可以问其对你所说内容的看法。如果可能,请以开放式问题而非封闭式问题提问。封闭式问题的答案仅有一个或两个单词,如"你喜欢电影吗"其答案很可能是"是"或"否",这将导致你又回到了原点,再次寻找新的话题。封闭式问题通常包含"是不是""什么时候""哪里"和"哪个"等词或短语。

相反,询问开放式问题通常会得到更详细的答案,并且更有可能引发更长且更有趣的对话。这种类型的问题通常包含诸如"怎么样""为什么"和"以何种方式"之类的词或短语。如"你觉得这部电影怎么样"与"你喜欢这部电影吗"相比,前者的答案会更加深入细致。表10.2提供了一些封闭式和开放式问题。

表 10.2　封闭式和开放式问题

封闭式问题	开放式问题
你周末过得愉快吗?	上个周末你做了什么?
你最喜欢的候选人是谁?	你喜欢这些候选人的哪些方面?
你的工作是什么?	你是怎样进入这行的?
你喜欢你的心理学教授吗?	你为什么喜欢你的心理学教授?

注意,一些开放式问题可能会引起封闭式回答。例如,"最近过得好吗"之类的问题或"你今天过得怎么样"的回答通常是一个词,如"不错"。

结束对话

所有对话最终都会结束。此外,在非正式的社交场合(聚会、约会、电话)中,对话结束的原因通常是其中一人或双方对所谈论内容失去兴趣,或者他们更想做其他的事或与其他人交谈。

如果你对拒绝特别敏感,你在谈话快要结束时可能会变得更加焦虑,或者,你可能会因发现他人无意继续对话而伤心。但是,如果你观察过其他人的对话,就会发现所有的对话到最后都会无话可聊,有时只需几秒。而特别有趣的对话可能需要几分钟甚至一个小时才能结束。没有话题可聊并不代表谈话失败,也不意味着你很无聊。无话可聊是大多数对话的正常阶段。

通常,人们会以得体的方法来结束正在进行的对话。在聚会上,你可以借饮料续杯或去洗手间回避对话,或者礼貌地提及自己要与聚会上的另一个人寒暄也是恰当的做法。在工作场合中,人们通常会通过提及工作(如"好吧,我得继续工作了"),或者保证下次再继续聊天(如"我们待会儿一起吃午饭吧")来结束对话。通常也可以只说一句"和你聊天很高兴,但我得走了"。如果你很享受此次对话,可以让对方知道这点,如告诉对方"和你聊天很开心,希望下次有机会再聊"。

对话练习

下次你交谈时可尝试使用以上策略。如果你很少遇到需要对话的情况,则应尽力寻找。在练习期间,请特别注意你在开始对话、提高对话质量、结束对话中使用的策略。

在下面的空白处记录你在对话的每个阶段所使用的策略。

开始对话:

_____

_____

提高对话质量:

_____

_____

结束对话:

_____

_____

工作面试

大多数人在面试时会感到有些紧张。实际上,没有任何焦虑的迹象可能反而会对你产生不利的影响,例如,面试官可能会认为你过度自信或对面试毫不关心。但是,如果你有社交焦虑,那么与普通人相比面试可能会让你更焦虑。第 6 章介绍了一些改变面试等情境中焦虑信念的认知策略。第 7 章和第 8 章建议将暴露训练(真实面试经历和角色扮演)作为学习减轻面试焦虑的策略。在本节中,我们将提供其他提高面试表现的技巧。这些技巧应与前面各章中讨论的基于认知和暴露疗法的技巧一起运用。

本质上,面试准备包括明确在面试之前的应做事项,在面试过程中如何表现以及在面试结束后该做的事,我们为每个阶段都提供了建议。想了解更多与该主题有关的详细信息,我们推荐阅读《沟通的艺术》(McKay, Davis & Fanning, 2009)以及本书末尾"推荐阅读"中的其他优秀书籍。

面试准备

以下是一些面试准备建议:

- 与朋友和家人模拟面试,并且面试其他你不感兴趣的工作。正如我们在第7章和第8章中的讨论,这些做法将有助于减轻你在真实面试中的焦虑。
- 客观看待面试。请记住,这只是一次面试,即使失败,你还有其他机会。你应该将面试视为学习经验或提高面试技巧的机会。
- 花时间了解面试目的、面试官、面试结构以及面试时长。如果可能,请提前查找面试官的姓名,并牢记。如果无法得知面试官的名字,请在被介绍时注意其名字,并在告别时称呼对方姓名。
- 尽可能了解该机构、公司以及面试官的信息。如果该机构有网站,务必仔细研究,你可能会从机构的网站或社交媒体网站(如领英网)上提前了解面试官。在面试过程中展现自己对该机构的了解会表明你对该职位的兴趣。
- 花时间明确自己的优势,以及自己可以为该机构做出的贡献,此类问题很可能在面试中遇到。随身带笔记,以免忘记提及自己认为与面试有关或重要的内容。

如果你被问到自己的弱点或局限性,无须说出所有你能想到的缺点。相反,你只需提及一两个,在表述时避免让面试官认为你的缺点无法解决。例如,你可以将工作经验或培训中不太可能被认为是严重问题的小瑕疵作为自己的弱点。或者,你可以通过谈论已经被克服了的弱点来转移该问题(如"当我刚开始上一份工作时,我不怎么会用电脑,但是过去几年我在这方面积累了很多经验,现在我已经能自如地使用电脑")。但是,不要强调可能被视为性格弱点或反映工作习惯的缺点(如"我很容易生气"或"我非常没有组织意识"),因为潜在雇主可能会认为这些弱点很难改正。另外,不要将过于努力工作(如"我喜欢努力工作,所以我得提醒自己注意休息）作为弱点回答问题。这种陈词滥调会被雇主一眼看穿（没有雇主会认为这是一个缺点）。有关如何回答困难面试问题的方法，请参阅罗恩·弗莱的书《101 个最困难面试问题的完美回答》（Fry，2016）。

- 准备至少 10 个你会在面试中提出的问题。写下来，以防忘记。例如，你可以考虑询问你可能承担的责任类型、预计工作时间、与谁一起工作以及一天的结构等问题。通常，在收到录用通知后，你应该询问有关薪水、休假和福利的问题，尽管对于某些职位而言，最好在面试过程中问这些问题，特别是当面试官谈到这些话题时。
- 请多备几份简历或辅助材料以防面试官无法轻易获取，或者他想与机构中的其他人分享你的简历。

面试中

以下是针对面试当天的一些帮助面试的建议。

- 在任何情况下都不要迟到。保证时间充足，提前到达面试地点。如果你不熟悉面试地点，请务必在面试之前踩点，以选择合适的交通方式。
- 着装很重要。请确保着装得体，发型整洁。注意，适合某一场面试的着装并不一定适用于另一场面试。如果不确定该穿什么，穿着应保守，体现专业性。
- 记得使用该章前面讨论过的一些策略。例如，认真聆听面试官的问题或他说的话。注意自己的非言语交流，保持适当的眼神接触。
- 保持礼貌，注意变通。记得说"请"和"谢谢"。不要贬低面试的机构、面试流程或面试官。即使对上一份工作或雇主不满意，也要避免展现过于负面的评价。
- 展现自己的灵活性及妥协的意愿。例如，如果不满意工作时间，应告知雇主自己将尽力适应日程安排，得到录用通知再协商工作时间。如果还是不满意协商结果，你还可以拒绝这份工作。
- 总体来说，面试中你只需保持自我，并诚实回答问题。但是，不要透露太多的私人信息。比如，被面试官问到是否紧张时，回答自己有点紧张并无大碍。另外，没有必要详细讲述自己经历的困难或压力,如频繁性地恐慌、沮丧或婚姻问题。

- 在面试结束时,可以询问面试官下一阶段的相关适宜。如,该机构是否会面试其他人? 自己什么时候能收到面试结果? 入围者是否会参加第二轮面试或第三轮面试?

面试之后

面试结束后,你还需做一些事。以下是面试结束后的一些建议:

- 面试结束后,给面试官发一封邮件,或寄一封信或卡片,感谢其付出的时间。
- 花点时间思考在面试中表现得好的方面,或者需要改进的行为和语言。如果这次面试不成功,这些信息将有助于下次面试。

积极沟通

本节将帮助你了解三种沟通方式之间的区别,即被动沟通、激进沟通和积极沟通。被动和激进的沟通方式很少能达到预期效果,而积极沟通更有可能取得良好的效果。本节将介绍一些帮助你进行积极沟通的方法。

被动沟通

羞涩和有社交焦虑的人的沟通方式通常是被动的。被动沟通指不直接表达自己的需求,常见的有说话声音小,经常停顿和犹豫,如"我们应该找个时间见面"之类的模糊话语就是一种被动的社交邀请。以这种方式交流的人可能非常不希望冒犯其他人或给其他人带来不便。被动交流的人更看重他人的愿望、需要和欲望。但是,由于未直接传达信息,对方可能永远不会得知你的本意。因此,被动沟通会关闭沟通渠道,并可能对人造成伤害或引起怨恨。实际上,这种怨恨可能会在今后将你置于激进沟通的风险中。

激进沟通

激进沟通包括牺牲他人的感受、需求和愿望来表达自己的感受、需求或欲望。激进沟通在内容和语气上都带有评判性、批判性和指责性。和被动沟通一样，它会关闭沟通渠道，并可能让人产生受伤的感觉、怨恨、愤怒并与他人疏远。"如果你关心我而又不那么自私，那么你就应该经常邀请我聚会"，是一种以激进沟通的方式要求某人社交的例子。

积极沟通

人们通常认为世上只有被动和激进两种沟通方式。其实不然，我们还有第三种选择——积极沟通。与被动和激进的沟通风格相反，你及他人的感觉、需要和愿望都是积极沟通的考虑因素。积极沟通和良好的沟通具有许多共同特征，这种沟通方式通常更直接、清晰和即时。例如，"这个周末，你想和我一起看电影吗？"就是一种积极邀请某人参加社交活动的方式。此外，积极沟通还包括积极倾听对方的观点（包括尝试聆听和理解对方的观点、确认对方的感受、要求对方阐释说明等）。尽管这种沟通方式并不能保证结果合人心意，但相比激进和消极的方式，积极沟通更有可能保持沟通渠道畅通，并最大限度地提高双方达成满意结果的机会。

积极处理冲突情境

如果你的目标是说服他人改变某一行为，那么适当的做法是确保你传达的信息既不消极也不激进。相反，信息应以直接、共情的方式被传达，且该信息应以事实为基础。

首先，描述对情境的观察结果，该观察结果反映了你对事实的看法，而非理解。观察应该基于现实，这样不易引起争论。例如，"你回家太晚"并不是一个观察结果，因为不同的人对"太晚"的理解不同。但是，"你到家时间比预计晚了一个小时"就是一个观察结果（假设为真），所以不太可能引起对方的防御反应。

其次，描述你对情境的感受。感受是情绪，如愤怒、焦虑、担忧和悲伤，而非想法。例如，

"我觉得你不应该迟到"并非在表达自己的感受。相比之下,"当你到家的时间比说的要晚时,我会感到受伤和担心"则在表达感受。和表达观察结果一样,表达感受也不容易引起争论,因为只有你知道自己的真实感受。

最后,与对方沟通自己希望事物以何种方式改变也很重要。接着前面的示例,你可能会说:"如果你晚到半个小时以上,希望你可以给我打电话。"

按照这三个步骤传达信息后,你还需要确保对方有机会表达其对当下情境的看法。你还要运用本章前面部分谈到的倾听策略。除了这些基本的积极技巧之外,以下策略也可以帮助你处理冲突情境:

- 确保在恰当的时间谈论该冲突情境,但不要无限期推迟。此外,不要在生气的时候谈论该问题。如果对方忙碌或不愿沟通,也不要坚持立即讨论此问题。有时候在双方方便的时候安排会面讨论不失为一个好选择。

- 确保自己能克服引起焦虑、愤怒或受到伤害的信念。正如第 6 章所讨论的,我们的感受会被信念影响,我们的信念有时可能被夸大或与实际情况相左。换句话说,有的情况并没有想象的那么严重。与他人讨论某一情境时,请在尊重事实的基础上保持冷静。

- 在面对某一情境之前,请先决定这样做是否值得。这一情境重要吗?即使什么都不说,情况会自动改善吗?例如,如果你的邻居生活困难,且下周就要搬走,继续抱怨他们修草坪的方式也许就不重要了。

- 尝试与中立的第三方沟通你的想法。听取他人对该问题的看法可能会帮助你以不同的方式看待问题,而这非常有利于确定你对问题的期望是否扭曲。

- 试着理解他人的看法。对方和你一样,也在尽其所能地过好生活。人在感到威胁或伤害时通常会心怀敌意和愤怒。如果你能体会并理解他人的观点和信念,那么你找到折中方案并解决冲突的可能性也更大,特别是你所做的努力对方都看在眼里时。

- 可以考虑给对方写一封电子邮件或信。有时,以书面形式交流想法和感受会更容易。但是,即使在信中,你也应该以一种积极,而非被动或激进的方式沟通,并且要注意,书面信息有时会被误解。

结识新朋友、约会

在本节中,我们会讨论有助于结识新朋友和发展新关系的方法。相关话题包括适合结识新朋友的地方,以及发展新关系时的压力应对方法,如被拒绝。

结识新朋友的地方

劳曼及其同事于1994年调查了3 000多名美国人,他们发现已婚人士与配偶相识的最常见方式包括:朋友介绍(35%)、自由恋爱(32%)、家庭成员介绍(15%)、同事介绍(6%)和同学介绍(6%)。这些人与其配偶相遇的地点常见于学校(23%)、公司(15%)、聚会(10%)、教堂或其他礼拜场所(8%)、酒吧(8%)或健身房(4%)。尽管自从进行这项调查以来,网上见面变得越来越普遍(我们之后将讨论网上约会),但是许多人仍旧以这些或其他更传统的方式结识新朋友。

有许多相对容易的方式可以认识新朋友或潜在伴侣。培养新的业余爱好(如加入摄影俱乐部或剧团),参加体育运动(参加保龄球联赛、跑步俱乐部或远足队),健身(在健身房举重、上健美操课、上游泳课),上舞蹈课,当志愿者,组建读书俱乐部或阅读小组,参加公共讲座,找份兼职工作,参加成人教育课程或旅行(和一群人一起)都是不错的选择。

结识新朋友的最好方法是做自己喜欢做的事情。这样,你才很可能遇到和你喜欢同样事物的人。例如,如果你不喜欢喝酒或在酒吧里消磨时光,那么在酒吧结识新朋友这种事就应该三思。在酒吧,你很可能遇到的是喜欢泡吧的人。此外,你还应该注意在哪些活动中会遇到哪些类型的人。例如,如果你想结识和自己年龄相近的人,则应参加会吸引你那个年龄段的人的活动。

仅仅和其他人在一起是不够的。要了解他们,就必须承担社会风险。对于开放的人,你应该与之保持适当的眼神交流,主动打招呼,并确保不时对其微笑。偶尔与他人联系更有可能与其发展为朋友或其他人际关系。当你认识某人后,你将承担更大的风险,如邀请对方喝咖啡、看电影或与你一起去公园或博物馆。

网上交友

自 20 世纪 90 年代中期以来,通过互联网认识恋爱对象的人数急剧增加,而以更传统的方式认识恋爱对象的人数则在下降。2009 年,一项针对美国 4 000 多人的调查(Rosenfeld & Thomas,2012)发现,互联网现在已经成为情侣相识最常见的方式之一,但通过朋友介绍仍更常见,而在酒吧、饭店和其他公共场所认识伴侣则紧随其后。参与这项研究的人中,将近 25% 的人表示会通过网络认识伴侣。基于 2015 年的一项调查,皮尤研究报告(Smith & Anderson,2016)发现,有 59% 的成年人认为"网上约会是结识新朋友的好方法"。该研究还发现,网上约会现象在大多数的年龄组中都很普遍,且 18～20 岁的年轻人使用得最多的是论坛,其中 27% 的人称曾使用过在线约会网站或移动约会应用程序。

除了结识潜在伴侣外,在互联网上认识新朋友也很流行。一项对 191 名大学生的匿名调查(Knox et al.,2001)发现认识朋友(与约会相比)是人们使用互联网最重要的原因。在本次调查中,60% 的受访者表示他们已通过网络成功认识新朋友,而大约 50% 的受访者表示,与真人见面相比,网上见面更自在。但是,有 40% 的人承认在网上撒谎!近年来,微信和微博等在线社交网站已成为结识朋友和保持联系的流行方式。重要的是,我们应意识到网络关系并不能代替现实的人际关系。相反,你应将网络关系视为建立现实人际关系的垫脚石。

约会技巧

你可能不相信,但无论一个人的年龄、性别或性取向如何,他都有很多潜在的伴侣。此外,一个人只有一个灵魂伴侣的说法也只是无稽之谈。很多不同的人都是潜在的优秀伴侣,他们每个人都拥有建立关系的不同特质。尽管听起来像陈词滥调,但通常来说,伴侣确实是在你最不抱期望的时候出现,而这种情况发生时,你甚至都没有注意到。所以,请放松!如果无法达成期望的关系,那么急于加快相处过程可能最终会令人失望或导致关系失败。本书结尾处的"推荐阅读"部分列出了几本约会指导书籍。

准备

约会的第一步是准备。准备对于约会而言意味着什么？准备意味着确定自己的需求。即你寻求约会的目的是什么？你想建立一段认真的关系，还是想结婚生子？你想寻找一个性伴侣，还是一段陪伴关系？或是为了不再无聊？该关系的目的将对你寻找和吸引的对象产生影响。举例来说，如果你想寻找刺激，那么你的目标可能是与陌生、神秘且颜值高的人约会。而如果你想建立更认真的关系，那你看重的应该是新关系的激情消退后对方身上你认可的品质，例如幽默感、共同的价值观、善良、诚实、稳定、责任感和尊重。

尽管有"异性相吸"的说法，但像"人以群分"之类的老话则更真实。通常，社会心理学研究认为，在价值观、外表、兴趣和其他方面相似的人最容易相互吸引。明确自己的兴趣和特点会帮助你发现对方身上是否有你寻找的特质。此外，成为你想结识的那类人将有助于吸引他人。为了认识对的人，你应该先明白该人可能会出现的地方。例如，如果你想认识喜欢读书的人，那你应该花点时间去图书馆，或者去书店参加签售会或加入在线读书俱乐部。

交　际

交际是一种结识新朋友的好办法，其定义是个人或团体之间的信息或服务交换。正如我们前面提到的，许多人是通过第三人的介绍与其配偶相识，所以，要让自己的朋友和家人知道你有结识他人的兴趣。如果没有成功建立恋爱关系，则可以扩大自己的朋友圈。增加新朋友（在不减少老朋友的前提下）将提高找到伴侣的机会。

第一次约会

与对你感兴趣的人的初次见面可能是非正式的。该场景可能是在工作间歇时一起散步、课间一起办事，或开车载对方回家。与对方的联系增加后，你可以提出更正式的约会邀请，例如共进午餐或晚餐，听音乐会或看电影，参观美术馆或博物馆。如果你是学生，则可以提议与对方一起上课，以增加再次接触的机会。

约会时，请注意小细节，尤其是仪容、仪表及卫生问题。着装要适宜，按自己的喜好穿衣，但如果不确定对方的喜好，则应尽量选择保守或经典的服饰。换句话说，不要在初次约会时穿得太大胆前卫。

拒 绝

做好被拒绝的准备。大多数情况下，单次的会面并不能保证发展为长期关系。通常来说，在一段恋爱关系中，一方会比另一方付出更多。如果对方最终不想继续这段恋情，请确保自己理性地看待拒绝（有关建议，见第 6 章）。拒绝并不意味着你有什么问题，或者约会永远不会建立长期的恋爱关系。相反，拒绝更能说明你与该无法顺利建立恋爱关系的人是否合适。被人以某种方式拒绝是约会的必要组成部分。一个人约会经验越多，遇到的拒绝就越多。但是，增加约会的频率也将有助于提高约会技巧，并增加将来发展成良好恋爱关系的可能性。

陈述和公开演讲技巧

本节提供有关陈述和公开演讲的基本信息，包括如何准备陈述或演讲，以及如何提高陈述或演讲的质量。若想理解详细论述，我们推荐阅读本书末尾处"推荐阅读"中有关公开演讲的书籍。尽管这些书中大多数都着重于商务演讲，但许多推荐的技巧也适用于其他场合，例如在婚礼或聚会上发表讲话。除了如何组织和发表讲话的建议外，大多数书籍还提供了如何在陈述过程中管理焦虑的办法。《从此不再怕开口》（Monarth & Kase，2007）一书包含了许多有关演讲技巧和焦虑管理的信息。

陈述准备

陈述准备包括八个重要步骤：①确定陈述的目的；②确定听众类型；③确定主题；④陈述安排；⑤使陈述充满趣味；⑥整理辅助材料；⑦排练；⑧管理焦虑。

步骤1:确定陈述的目的

在准备讲座或陈述之前,你必须首先清楚讲话的目的。从本质上看,陈述可以具有以下一项或多项功能:

- **说服**。例如,陈述的目的可以是销售产品或让同事改变工作中的某一程序。
- **解释**。例如,为期半天的新员工入职说明会旨在为新员工讲解公司程序,讲座是为了向一个班级的大学生讲授某一复杂主题,而研讨会则是为了向同事传递某个主题的详细信息。
- **指示**。指示类的陈述可以教会人们如何完成一项任务(如使用新的计算机程序)或掌握新技能(如学习跳舞)。
- **简介**。一些陈述旨在向听众简单介绍某些事情。如3~4分钟的陈述可以告知听众工会谈判的最新管理信息,或告知客户产品价格的变化。
- **娱乐**。旨在娱乐听众的陈述包括戏剧作品(如单口喜剧)和在婚礼、周年纪念日或聚会上发表的讲话。

步骤2:确定听众类型

在详细规划陈述前,应了解一些有关听众类型的信息。在某些情况下,你甚至可能需要在陈述开始前询问听众的背景,并据此调整陈述风格或内容以满足听众的需求。一些需要考虑的问题包括:

- 听众数量。
- 受众的可能组成(年龄、性别、专业背景等)。
- 听众的期待。
- 听众已经知道的信息,听众需要了解的信息。
- 听众参加陈述的原因是他们必须参加还是他们想参加?

步骤3:确定主题

在进行陈述前,你应该确定将要传达的主要信息。在大多数情况下,陈述的重点应该简单明了。听众应该清楚你将提及的重点,以便他们可以根据背景理解你陈述的内容。并且,在陈述开始时说一个笑话、逸事或使用插图将有助于激起听众的兴趣。如果陈述的目的是说服听众注意某个问题,则应确保你已获得他们的信任(如让听众了解你的专业知识和资历)。要想陈述有说服力还应就你提供的建议提出具体的实践指示(如在何处可以买到你销售的产品)。

步骤4:陈述安排

陈述准备最需要关注的就是密切注意陈述的三个部分:开始、主体和结论。开始应包括陈述内容的概述,以便听众了解即将陈述的内容。在主体部分讨论陈述的主要内容和所有重要的细节。结论部分是简短的总结,以及一些对陈述内容的解释和推断(如为什么该陈述很重要)。

如果可能,你应该以讲故事的方式进行陈述。例如,在描述执行某项任务的新方法之前,你可以告诉听众其他人以前执行该任务的方法,以便他们能在特定背景下理解新信息。或者,你可以描述一系列问题,以及一个或多个解决该问题的方案。当然,一定要规划好陈述的预期时长,以免内容过多或缺乏材料。

步骤5:使陈述充满趣味

除了确保将要点传达给听众之外,以有趣的方式来传达要点也很重要。怎么有趣地传达呢? 你可以考虑使用以下策略,如营造幽默的氛围、使用类比、说一个自己的故事、举例、展示插图和相关统计数据。但要注意,幽默时不能冒犯他人。你永远不知道听众中可能有什么样的人,以及他们的背景、信仰或经历是否可能让他们误解你的玩笑。另一种策略则是以某种方式增强听众的参与感。例如,你可以在陈述的过程中向他们提问或鼓励他们提问。

或者,你可以让听众做一些事情,如演示你正在教授的技能,帮助你完成调查,参与测验等。辅助材料(后面会讨论)也可以使你的陈述变得生动。人们的注意力周期很短,所以采用多种策略有助于保证听众的参与度。

步骤6:整理辅助材料

辅助材料通常是肉眼可见的,如PPT幻灯片和其他投影图像、视频、白板、挂图、光盘等。这些视觉材料还包括文本、照片、插图、动画片、图形和地图。在辅助材料方面,请牢记以下几点建议:

- 如果要使用动画片,请确保使用有趣的动画片。就你打算使用的动画片向朋友、家人或同事寻求意见。
- 在某些情况下,道具可能会有所帮助。例如,如果你要在陈述中提到某本书籍,请随身携带一本给听众看看。如果要描述产品,可以在陈述过程中展示该产品。
- 如果可能,请提供包含幻灯片内容和其他视觉材料的讲义,以便听众不会因做笔记而分心。普遍来说,听众都喜欢讲义。
- 确保幻灯片和视觉效果有吸引力,并且足够大,可以让房间后面的人也看到。避免在幻灯片和视觉效果上加入过多信息。如果你对幻灯片的设计和内容处理不太熟悉,很多有用的指南可供参考,如《演说:让幻灯片说服世界》(Duarte,2008)。
- 确保规划好你可能需要的任何技术资源。如计算机、投影仪或幻灯片的屏幕、音频或视频片段的扬声器,以及你或观众在现场时的互联网访问权限。

步骤7:排练

如有可能,请提前排练。排练的方式有好几种。在朋友、家人或同事面前排练是最理想的。但最好的选择是在与陈述地点相似的地方排练。向排练听众征求反馈意见,并相应地更改演示文稿。如果你不能在真实的观众面前进行排练,可以尝试使用摄像机,然后再观看录像。如果没有摄像机,可在镜子前大声练习。请务必注意演讲时长。陈述的经验变多后,就没有必要再提前排练了。

步骤 8：管理焦虑

管理焦虑策略也是陈述准备的一部分。在陈述之前，请使用认知策略（见第 6 章）来管控可能引起焦虑情绪的想法。此外，尽可能利用暴露策略（见第 7 章和第 8 章）来应对恐惧。陈述时，请务必缓慢而规律地呼吸。过度呼吸或屏住呼吸会增加焦虑症状。不要抗拒恐惧情绪，让各种症状顺其自然地发生。抵抗恐惧可能会导致焦虑症状加剧，在陈述期间保持紧张感并无不妥。实际上，观众经常希望陈述人紧张。根据陈述的性质，向观众坦白自己的紧张感甚至会有所帮助（如奥斯卡获奖者有时会在讲话时承认自己很紧张）。这样说可以使自己平静，而且很有可能会赢得观众的好评。

发表陈述

在进行陈述时，请牢记以下建议：

- 注意陈述的方式。在陈述之前，请检查任何你不确定的发音。确保在一句话的末尾处音调不会降低。确保音量适当（想象你是朝着房间后壁发表讲话）。说话清晰，咬字清楚，避免"嗯"和"啊"。最后，说话速度不要太快。说话过快是陈述中最常见错误之一，尤其是当人们感到焦虑时。
- 在谈话过程中，与不同的听众进行眼神交流（2~3 秒钟，然后再转到另一个人）。
- 说话时尽量四处走动。可以在房间前面来回移动，最好不要一直待在讲台上。别把手揣在口袋里。相反，要借用手势来强调陈述的重点。但是，请不要将手放在脸或头发上。
- 逐字阅读文稿会让陈述变得无趣。如果你逐字逐句地阅读陈述稿，跳行之类的错误发生时你很可能会感到恐慌。相反，我们建议你按照带有标题或项目符号的大纲进行陈述。即使在陈述时分心，你需要的所有信息都能快速地在大纲中找到。大纲也会推进陈述自发进行。如果你觉得不逐字阅读的想法太吓人，还有另一种选择，即同时准备好大纲和逐字版演示文稿。如果单独使用大纲没什么帮助,则可以根据需要切换到阅读演示文稿。

- 不要用高人一等的态度和听众说话。他们可能比你想象的更聪明。即使是遇见新的内容,他们也不喜欢你说话时把他们当小孩——除非听众真的是小孩!确保你的语气和说的内容谦逊有礼。

- 经常重复陈述的要点。听众不会接收你说的所有内容,除非你不断重复重点,听众错过一个重点后,他们很可能放弃听取后面的陈述。

- 陈述风格要简洁,讨论不要超时。

- 做好回答问题的准备。可考虑在陈述时引入一些信息(参考书、笔记等)帮助你回答某些问题。无论你认为问题有多愚蠢,都应尝试以机智的方式回答,以表现对提问人的尊重(如"这个问题很有趣……")。最后,重复所有听众的问题后再回答,因为坐在房间后面的听众很有可能听不清楚其他人的问题。

- 在陈述中自然表现。观众更喜欢脚踏实地的演讲者,而不是看起来在努力地娱乐或取悦听众的人。

陈述后

陈述结束后,使用本章提出的建议将有助于评估陈述质量。不要将陈述过程中是否焦虑或是否表现出焦虑症状作为自我评估的标准。陈述者的焦虑或由此产生的不足只是推动陈述的一个小方面。

倾向于过分苛刻自我表现的人通常患有社交焦虑。因此,我们建议,从听众成员处获取客观的反馈。你可以通过非正式方法来获取,如询问人们对谈话的看法,或者合适的情况下,你可以分发匿名的调查表,要求听众就陈述的某些方面进行评价,例如陈述的形式、内容(如有趣度、相关性、难度等)、发言人(如演讲技巧、机构性、专业知识、清晰度),视听资源的使用和位置(如照明、温度、座位的舒适度)。此外,请确保在表格上留出空间,让听众用自己的话语描述他们的印象(演讲的说服力、需要改进的地方)。

第 11 章
维持疗效与未来规划

最后一章探讨了一些在未来几个月和几年内可帮助维持目前成果的策略。其中最重要的一条是,继续使用前十章中介绍的策略。继续使用对自己有益的策略将帮助你维持已获得的成果,并让你的焦虑随时间逐步降低。

结束治疗

从某些方面来说,治疗永远不会结束。尽管大多数人在使用本书介绍的策略后,焦虑会得到改善,但在某些社交场合中,有时人们仍会焦虑不安,这并不奇怪。像背痛、抑郁和高血压一样,焦虑症会长期存在,但也可以得到控制。继续使用本书介绍的策略有助于控制焦虑。实际上,认知行为疗法的一个重要目标是教会人们成为自己的治疗师。如果这本书有效,那么你的焦虑情况与之前相比很可能已所改善,并且你很可能已经掌握了一些可持续使用的策略。

如果治疗没有达到预期的效果,那就要找出原因。以下因素可供参考:

- **剂量不足**。通常,我们在使用药物治疗时会考虑剂量因素,当然,药物剂量不足(服药太少、服药时间太短或服药频率太低)肯定不会带来太多改善。但是,"剂量"一词也可以用于认知行为策略。有证据表明,改善通常与一个人完成的作业量直接相关。所以,如果你的暴露练习时间太短、频率太低,或者你的练习没有达到控制焦虑的力度,那么最终效果可能达不到你的期望。
- **压力**。如果你在执行本书的策略时正遭受巨大的压力,那么你取得的效果可能非常有限。例如,长时间面对家庭压力或应对严重的健康问题很可能让你无法依照自己的喜好规划大量时间进行治疗。我们建议,在生活压力减轻后,再尝试治疗。压力也可能再次导致恐惧,我们之后会讨论这个问题。

- **其他心理问题**。在某些情况下,其他问题也可能导致羞涩和社交焦虑。例如,患饮食失调的人可能会因为担心在他人面前看起来超重而具有强烈的社交焦虑。尽管本书中的策略在这种情况下可能会有所帮助,但直接解决这些问题也很重要。
- **其他生活问题**。对于某些人来说,长年的社交焦虑会导致各种长期问题,如长期失业、极端孤独、严重抑郁或物质滥用等。如果这些较严重的问题没有解决,那么本书中介绍的策略可能对改善你的整体生活质量并没有太大作用。寻求帮助和支持来解决这些较严重的问题非常重要。第4章给出了寻找治疗师的建议。专业的帮助除了可以解决焦虑问题,还可能会引导你解决其他生活问题。

再次恐惧的原因及可以采取的措施

大多数接受社交焦虑治疗的人都会得到长期的改善,尤其是在接受认知行为治疗之后。尽管如此,仍有一些原因会导致有的人再次恐惧。如果恐惧再次出现,最好的办法是重新使用之前用于克服恐惧的策略。经过一段时间后再次出现的社交焦虑会更容易克服。

太早或太快中断治疗策略

停止使用本书介绍的策略很可能会导致恐惧再次出现,尤其是在完全克服焦虑之前就停止使用这些策略。我们建议,在感到焦虑时继续控制可能引起焦虑的想法。当恐惧明显减轻后,可以停止使用认知策略,也可以不再写日记。但是,你应该继续以非正式的方式使用认知技巧,如默问自己一些恰当的问题(如"还有没有其他方式可以解释这种情况,但又不会引起太多焦虑")。

此外,即使恐惧减少了,你也应该找机会将自己暴露于从前害怕的情境中。有时,生活环境(如忙于工作或上学、流感康复期)会增加定期进行暴露训练的难度。只要有可能,请继续直面令自己害怕的情境。偶尔的暴露训练有助于防止恐惧再次发作。

第 9 章讨论正念和接纳的策略也是如此。在应对思想、情感和感觉问题上，这些策略可供终身使用。继续进行活在当下的练习并按照自我核心价值观行事有助于管理焦虑情绪和焦虑反应。

太早停止服药也可能增加焦虑复发的概率。如第 5 章所述，如果治疗持续至少一年，那么人们停止服用抗抑郁药后复发的可能性较小。因此，在你开始感觉好转时最好不要立刻停止药物治疗。

突然停药也可能增加焦虑复发的概率。停止服用某类抗抑郁药和几乎所有抗焦虑药物后都会产生与焦虑症状相似的戒断症状，而这些戒断症状可能会使一些人再次习惯于回避和恐惧思考。预防戒断症状的最好方法是随时间缓慢地减少服药剂量。我们强烈建议在未咨询医生之前不要减少服药剂量或停止服药。

生活压力

有时，日常生活中压力增加（如工作时间增加、人际关系问题、经济困难、健康问题、家庭关系紧张、亲密朋友去世）会加剧焦虑和恐惧。遇到应激性生活事件或在一段时间内压力增加都会加剧一个人在社交场合中的焦虑。有时，焦虑加剧会和压力同时出现，有时则可能会在压力消除后不久发生。

压力会加剧社交焦虑，这一点不足为奇。但人们对压力产生的反应则各不相同。有的人会因为压力而感冒、头痛、血压升高，或产生其他身体不适。而有的人则可能会产生不良习惯，如吸烟量增加、过多摄入酒精或咖啡因、吃不健康的食物、减少运动量或花费大量时间检查电子设备。还有一些人可能会产生情绪问题，如变得更焦虑、抑郁或暴躁。如果你经常在社交场合中感受到焦虑，压力则可能使你以前的一些焦虑反应再次出现。

压力往往会提高一个人的唤醒水平，因此呼吸会变得更沉重、心率会增加，而其他唤醒症状会变更加明显。当你正承受压力时，即使焦虑水平没有改变，焦虑也会比平常更易察觉。通常情况的安全情境在压力之下也会使人难以承受。

在大多数情况下，因压力增加的社交焦虑只是暂时的。压力增加时，焦虑感就会降低。但是，如果用焦虑的思考方式和回避类的旧习惯来应对增加的焦虑，那么你可能会发现压力即使减轻了，社交焦虑也会继续加重。如果应激性生活事件导致焦虑情绪再次出现，最好的办法是重新阅读本书的相关内容,并重新使用你之前认为有用的策略。阅读有关压力管理的书籍可能也会有所帮助。我们推荐《减少压力工作手册》(Abramowitz,2012)或《放松减压工作手册》(Davis,Eshelman & McKay,2008)。

应对新的意外困境

你可能认为自己已经克服了某种恐惧,但这种恐惧很有可能处于潜伏状态,在足够棘手的情景发生时它才会再次显现。例如,阿米尔以为自己已经克服了恐惧,但当他再次感受到强烈的恐惧时,他觉得难以置信。为了不再害怕在工作中公开发言,阿米尔一直都在努力。经过几个月的练习,他发现自己可以轻松地在会议上发言,甚至是在毫无恐惧的情况下在200人或更多人的小组面前陈述。他在父亲的生日聚会上被临场要求在大约30个熟识的朋友和亲戚面前发表祝酒词。这使他非常紧张,尽管他已经成功克服了在正式工作场合发言的恐惧,但他从未在非正式和私人场合,如家庭聚会中发过言,对他来说,在亲朋好友面前祝酒实际上是一种新情况,而他并没有练习过。

恐惧情况下的负面经历

有时,在社交场合遇到负面结果可能会再次导致恐惧。例如,如果陈述过程中听众特别冷漠、不友善、被关心的人拒绝,或者老板极不满意你在会议上的表现,那么你可能会发现下次遇到相同的情境时,自己会更焦虑。事实上,如果你过去有某种焦虑情绪,那么再次遭受与该种焦虑有关的负面事件时,你会再次感到焦虑。

当这样的负面结果发生时,最好的办法是尽快回到情境中。如果你选择回避这种情境,那么焦虑症更有可能复发。除了暴露于该情境中,还可以尝试从不同的方面看待该负面事件,以直面可能激发焦虑的信念。问问自己,"还可以从哪些方面来看待这种情况"或"这真的像我想的那样重要吗"。

避免再次恐惧

学会在社交和工作场合自处后的人虽然不太可能再次焦虑,但情况并不总是如此。以下策略可以用来维持目前的进展。

继续使用本书推荐的策略

正如之前提到过,继续以非正式的方式直面你的想法,偶尔进行暴露训练以及正念练习将有助于维持当前取得的进步。我们还建议你偶尔重新阅读本书的相关章节,以巩固所学内容,并确保不忘记任何重要原则。

在各种不同的情境和背景下进行暴露练习

在各种不同的情境和背景下进行暴露练习可以长时间维持目前取得的进步,例如,如果你害怕与别人对话,但并不担心在工作时进行搭话练习,我们建议你也在其他情境中(如家、聚会、公共汽车站、电梯等)进行暴露练习。

抓住机会过度学习

过度学习包括:①多次进行暴露训练,使某种情境变得无聊,甚至自然;②在比日常更困难的情况下进行暴露训练。例如,如果你在喝饮料时担心手抖,可以多次练习大幅度抖动手臂,以致真的晃出一些饮料(确保你的杯子装满了水而不是葡萄汁),然后重复这种做法,直到摇晃不再引起焦虑为止。或者,如果担心与陌生人交谈时会犯一些小错误,则可以在与其交谈时故意犯错。

在比日常更困难的情境下进行暴露训练有如下好处:①在更具挑战性的情况下进行暴露训练会自动使那些不太具有挑战性的情况看起来更容易;②在困难的情况下进行暴露训练会促使你直面可能导致焦虑的信念,例如,如果你发现即使在陈述过程中故意犯错也不会引发任何不好的事情,那么你在公开陈述时也不太可能担心偶然犯一个小错误;③过度学习可以使你容忍复发的恐惧,但又不会给你的生活造成重大损害。

希望本书介绍的策略对你有所帮助。在社交焦虑症缓解之前,你需要在一段时间内持续使用这些策略,如此才能对日常生活产生显著影响。我们建议你重读特别有用或有启发性的部分。最重要的是,我们希望你在学习处理重压社交场合时能怀有一颗全新、当之无愧的自信心。希望好运与你同在。

推荐阅读

羞涩与社交焦虑：自助书籍

Butler，G. 2016. *Overcoming Social Anxiety and Shyness：A Self-Help Guide Using Cognitive Behavioural Techniques.* 2nd ed. London：Robinson. (This book is not available for purchase in the United States or Canada, though it can be shipped to North America from an online bookseller in the United Kingdom, such as Amazon. co. uk.)

Fleming，J. E. ，and N. L. Kocovski. 2013. *The Mindfulness and Acceptance Workbook for Social Anxiety and Shyness：Using Acceptance and Commitment Therapy to Free Yourself from Fear and Reclaim Your Life.* Oakland，CA：New Harbinger Publications.

Hope，D. A. ，R. G. Heimberg, and C. L. Turk. 2010. *Managing Social Anxiety：A Cognitive Behavioral Therapy Approach.* 2nd ed. New York：Oxford University Press.

Kearney，C. A. 2011. Silence Is Not Golden：*Strategies for Helping the Shy Child.* New York：Oxford University Press.

社交与沟通技能：自助书籍

约会和结识新朋友

Burns，D. D. 1985. *Intimate Connections.* New York：Signet.

Katz，E. M. 2003. I *Can't Believe I'm Buying This Book：A Commonsense Guide to Successful Internet Dating.* Berkeley，CA：Ten Speed Press.

Kolakowski，S. 2014. *Single，Shy, and Looking for Love：A Dating Guide for the Shy and Socially Anxious.* Oakland，CA：New Harbinger Publications.

Silverstein，J. ，and M. Lasky. 2004. *Online Dating for Dummies.* Hoboken，NJ：John Wiley and Sons.

工作面试

Baur, J. 2013. *The Essential Job Interview Handbook：A Quick and Handy Resource for Every Job Seeker*. Wayne, NJ：Career Press.

Fry, R. W. 2016. 101 *Great Answers to the Toughest Interview Questions*. 7th ed. Wayne, NJ：Career Press.

Stein, M. 2003. *Fearless Interviewing：How to Win the Job by Communicating with Confidence*. New York：McGraw-Hill.

公开演讲和表现

Duarte, N. 2008. *Slide：ology：The Art and Science of Creating Great Presentations*. Sebastopol, CA：O'Reilly Media.

Kosslyn, S. M. 2007. Clear and to the Point：8 Psychological Principles for Compelling PowerPoint Presentations. New York：Oxford University Press.

Monarth, H., and L. Kase. 2007. *The Confident Speaker：Beat Your Nerves and Communicate at Your Best in Any Situation*. New York：McGraw-Hill.

Morrisey, G. L., T. L. Sechrest, and W. B. Warman. 1997. *Loud and Clear：How to Prepare and Deliver Effective Business and Technical Presentations*. 4th ed. Reading, MA：Addison-Wesley.

Rohr, S., and S. Impellizzeri. 2016. *Scared Speechless：9 Ways to Overcome Your Fears and Captivate Your Audience*. Wayne, NJ：Career Press.

Shames, D. 2017. *Out Front：How Women Can Become Engaging*, Memorable, and Fearless Speakers. Dallas, TX：BenBella Books.

其他沟通技能

Alberti, R. E., and M. L. Emmons. 2017. *Your Perfect Right：Assertiveness and Equality in Your Life and Relationships*. Oakland, CA：Impact Publishers.

Bolton, R. 1979. *People Skills*. New York：Simon and Schuster.

Davis, M., K. Paleg, and P. Fanning. 2004. *The Messages Workbook：Powerful Strategies for Effective Communication at Work and Home*. Oakland, CA：New Harbinger Publications.

Garner, A. 1997. *Conversationally Speaking：Tested New Ways to Increase Your Personal and Social*

Effectiveness. 3rd ed. Los Angeles：Lowell House.

McKay, M., M. Davis, and P. Fanning. 2009. *Messages：The Communication Skills Book.* 3rd ed. Oakland, CA：New Harbinger Publications.

Patterson, R. J. 2000. *The Assertiveness Workbook：How to Express Your Ideas and Stand Up for Yourself at Work and in Relationships.* Oakland, CA：New Harbinger Publications.

焦虑、抑郁和循证疗法：自助书籍

Abramowitz, J. S. 2018. *Getting Over OCD：A 10-Step Workbook for Taking Back Your Life.* 2nd ed. New York：Guilford Press.

Abramowitz, J. S. 2012. *The Stress Less Workbook：Simple Strategies to Relieve Pressure, Manage Commitments, and Minimize Conflicts.* New York：Guilford Press.

Antony, M. M., and R. E. McCabe. 2004. 10 *Simple Solutions to Panic：How to Overcome Panic Attacks, Calm Physical Symptoms, and Reclaim Your Life.* Oakland, CA：New Harbinger Publications.

Antony, M. M., and P. J. Norton. 2009. *The Anti-Anxiety Workbook：Proven Strategies to Overcome Worry,* Panic, Phobias, and Obsessions. New York：Guilford Press.

Antony, M. M., and R. P. Swinson. 2008. *When Perfect Isn't Good Enough：Strategies for Coping with Perfectionism.* 2nd ed. Oakland, CA：New Harbinger Publications.

Bourne, E. J. 2015. *The Anxiety and Phobia Workbook.* 6th ed. Oakland, CA：New Harbinger Publications.

Forsyth, J. P., and G. H. Eifert. 2016. *The Mindfulness and Acceptance Workbook for Anxiety：A Guide to Breaking Free from Anxiety, Phobias, and Worry Using Acceptance and Commitment Therapy.* 2nd ed. Oakland, CA：New Harbinger Publications.

Greenberger, D., and C. A. Padesky. 2016. *Mind Over Mood：Change How You Feel by Changing the Way You Think.* 2nd ed. New York：Guilford Press.

Hayes, S. C., and S. Smith. 2005. *Get Out of Your Mind and Into Your Life：The New Acceptance and Commitment Therapy.* Oakland, CA：New Harbinger Publications.

Kabat-Zinn, J. 2013. *Full Catastrophe Living: Using the Wisdom of Your Body and Mind to Face Stress, Pain, and Illness.* Rev. ed. New York: Bantam Books.

Orsillo, S. M., and L. Roemer. 2016. *Worry Less, Live More: The Mindful Way Through Anxiety Workbook.* New York: Guilford Press.

Paterson, R. J. 2016. *How to be Miserable: 40 Strategies You Already Use.* Oakland, CA: New Harbinger Publications.

Robichaud, M., and M. J. Dugas. 2015. *The Generalized Anxiety Disorder Workbook: A Comprehensive CBT Guide for Coping with Uncertainty, Worry, and Fear.* Oakland, CA: New Harbinger Publications.

Tull, M. T., K. L. Gratz, and A. L. Chapman. 2016. *Cognitive-Behavioral Coping Skills Workbook for PTSD: Overcome Fear and Anxiety and Reclaim Your Life.* Oakland, CA: New Harbinger Publications.

Wright, J. H., and L. W. McCray. 2012. *Breaking Free from Depression: Pathways to Wellness.* New York: Guilford Press.

羞涩与社交焦虑：专业书籍

Antony, M. M., and K. Rowa. 2008. *Social Anxiety Disorder: Psychological Approaches to Assessment and Treatment.* Göttingen, Germany: Hogrefe.

Heimberg, R. G., and R. E. Becker. 2002. *Cognitive-Behavioral Group Therapy for Social Phobia: Basic Mechanisms and Clinical Strategies.* New York: Guilford Press.

Hofmann, S. G., and P. M. DiBartolo. 2014. *Social Anxiety: Clinical, Developmental, and Social Perspectives.* 3rd ed. Waltham, MA: Academic Press.

Hofmann, S. G., and M. W. Otto. 2008. *Cognitive Behavioral Therapy for Social Anxiety Disorder: Evidence-Based and Disorder Specific Treatment Techniques.* New York: Routledge.

Hope, D. A., R. G. Heimberg, and C. L. Turk. 2010. *Managing Social Anxiety: A Cognitive Behavioral Therapy Approach (Therapist Guide).* 2nd ed. New York: Oxford University Press.

National Collaborating Centre for Mental Health. 2013. *Social Anxiety Disorder: The NICE*

Guideline on Recognition, Assessment, and Treatment. London, UK: British Psychological Society and Royal College of Psychiatrists.

Weeks, J. W. 2014. *Wiley—Blackwell Handbook of Social Anxiety.* Hoboken, NJ: Wiley—Blackwell.

焦虑、抑郁和循证疗法：专业书籍

Abramowitz, J. S., B. J. Deacon, and S. P. H. Whiteside. 2011. *Exposure Therapy for Anxiety: Principles and Practice.* New York: Guilford Press.

Antony, M. M., and D. H. Barlow. 2010. *Handbook of Assessment and Treatment for Psychological Disorders.* 2nd ed. New York: Guilford Press.

Antony, M. M., and M. B. Stein. 2009. *Oxford Handbook of Anxiety and Related Disorders.* New York: Oxford University Press.

Barlow, D. H. 2014. *Clinical Handbook of Psychological Disorders: A Step-by-Step Treatment Manual.* 5th ed. New York: Guilford Press.

Beck, J. S. 2011. *Cognitive Behavior Therapy: Basics and Beyond.* 2nd ed. New York: Guilford Press.

Beidel, D. C., and C. A. Alfano. 2011. *Child Anxiety Disorders: A Guide to Research and Treatment.* New York: Routledge.

Bennett—Levy, J., G. Butler, M. Fennell, and A. Hackman. 2011. *Oxford Guide to Behavioural Experiments in Cognitive Therapy.* Oxford, UK: Oxford University Press.

Bezchlibnyk—Butler, K. Z., and A. S. Virani. 2014. *Clinical Handbook of Psychotropic Drugs for Children and Adolescents.* 3rd ed. Göttingen, Germany: Hogrefe.

Dobson, D., and K. S. Dobson. 2017. *Evidence—Based Practice of Cognitive—Behavioral Therapy.* 2nd ed. New York: Guilford Press.

Egan, S. J., T. D. Wade, R. Shafran, and M. M. Antony. 2014. *Cognitive—Behavioral Treatment of Perfectionism.* New York: Guilford Press.

Eifert, G. H., and J. P. Forsyth. 2005. *Acceptance and Commitment Therapy for Anxiety Disor-*

ders: *A Practitioner's Treatment Guide to Using Mindfulness, Acceptance, and Values-Based Behavior Change Strategies.* Oakland, CA: New Harbinger Publications.

Emmelkamp, P., and T. Ehring. 2014. *Wiley Handbook of Anxiety Disorders.* Hoboken, NJ: John Wiley and Sons.

Grills-Taquechel, A. E., and T. H. Ollendick. 2012. *Phobic and Anxiety Disorders in Children and Adolescents.* Göttingen, Germany: Hogrefe.

Hackman, A., J. Bennett-Levy, and E. A. Holmes. 2011. *Oxford Guide to Imagery in Cognitive Therapy.* Oxford, UK: Oxford University Press.

Hayes, S. C., K. D. Strosahl, and K. G. Wilson. 2012. *Acceptance and Commitment Therapy: The Process and Practice of Mindful Change.* 2nd ed. New York: Guilford Press.

Kuyken, W., C. A. Padesky, and R. Dudley. 2009. *Collaborative Case Conceptualization: Working Effectively with Clients in Cognitive-Behavioral Therapy.* New York: Guilford Press.

Martell, C. R., S. Dimidjian, and R. Herman-Dunn. 2010. *Behavioral Activation for Depression: A Clinician's Guide.* New York: Guilford Press.

Miller, W. R., and S. Rollnick. 2013. *Motivational Interviewing: Helping People Change.* 3rd ed. New York: Guilford Press.

Newman, C. F. 2013. *Core Competencies in Cognitive Behavioral Therapy: Becoming a Highly Effective and Competent Cognitive Behavioral Therapist.* New York: Routledge.

Norton, P. J. 2012. *Cognitive-Behavioral Therapy for Anxiety: A Transdiagnostic Treatment Manual.* New York: Guilford Press.

Procyshyn, R. M., K. Z. Bezchlibnyk-Butler, and J. J. Jeffries. 2017. *Clinical Handbook of Psychotropic Drugs.* 22nd ed. Göttingen, Germany: Hogrefe.

Segal, Z. V., M. G. Williams, and J. D. Teasdale. 2013. *Mindfulness-Based Cognitive Therapy for Depression.* 2nd ed. New York: Guilford Press.

Stott, R., W. Mansell, P. Salkovskis, A. Lavender, and S. Cartwright-Hatton. 2010. *Oxford Guide to Metaphors in CBT: Building Cognitive Bridges.* Oxford, UK: Oxford University Press.

Tolin, D. F. 2016. *Doing CBT: A Comprehensive Guide to Working with Behaviors, Thoughts and Emotions.* New York: Guilford Press.

Watkins, E. R. 2016. *Rumination - Focused Cognitive - Behavioral Therapy for Depression.* New York: Guilford Press.

Westra, H. A. 2012. *Motivational Interviewing in the Treatment of Anxiety.* New York: Guilford Press.

参考文献

Abramowitz, J. S. 2012. *The Stress Less Workbook: Simple Strategies to Relieve Pressure, Manage Commitments, and Minimize Conflicts*. New York: Guilford Press.

Abramowitz, J. S., E. L. Moore, A. E. Braddock, and D. L. Harrington. 2009. "Self-Help Cognitive-Behavioral Therapy with Minimal Therapist Contact for Social Phobia: A Controlled Trial." *Journal of Behavior Therapy and Experimental Psychiatry* 40: 98-105.

Alden, L. E., and S. T. Wallace. 1995. "Social Phobia and Social Appraisal in Successful and Unsuccessful Social Interactions." *Behaviour Research and Therapy* 33: 497-505.

American Mindfulness Research Association. 2016. "Mindfulness Journal Publications by Year, 1980-2015."

American Psychiatric Association. 2013. *Diagnostic and Statistical Manual of Mental Disorders*. 5th ed. Arlington, VA: American Psychiatric Press.

Anderson, E. C., M. T. Dryman, J. Worthington, E. A. Hoge, L. E. Fischer, M. H. Pollack, L. F. Barrett, and N. M. Simon. 2013. "Smiles May Go Unseen in Generalized Social Anxiety Disorder: Evidence from Binocular Rivalry for Reduced Visual Consciousness of Positive Facial Expressions." *Journal of Anxiety Disorders* 27: 619-626.

Anderson, P. L., M. Price, S. M. Edwards, M. A. Obasaju, S. K. Schmertz, E. Zimand, and M. R. Calamaras. 2013. "Virtual Reality Exposure Therapy for Social Anxiety Disorder: A Randomized Controlled Trial." *Journal of Consulting and Clinical Psychology* 81: 751-760.

Andersson, G., P. Carbring, and T. Furmark. 2014. "Internet-Delivered Treatments for Social Anxiety Disorder." In *The Wiley Blackwell Handbook of Social Anxiety Disorder*, edited by J. W. Weeks, 569-587. Malden, MA: John Wiley and Sons.

Antony, M. M., C. L. Purdon, V. Huta, and R. P. Swinson. 1998. "Dimensions of Perfectionism Across the Anxiety Disorders." *Behaviour Research and Therapy* 36: 1143-1154.

Antony, M. M., and K. Rowa. 2008. *Social Anxiety Disorder: Psychological Approaches to Assessment and Treat-*

ment. Göttingen, Germany: Hogrefe.

Antony, M. M. , K. Rowa, A. Liss, S. R. Swallow, and R. P. Swinson. 2005. "Social Comparison Processes in Social Phobia. " *Behavior Therapy* 36: 65-75.

Antony, M. M. , and R. P. Swinson. 2000. *Phobic Disorders and Panic in Adults: A Guide to Assessment and Treatment.* Washington, DC: American Psychological Association.

Barkowski, S. , D. Schwartze, B. Strauss, G. M. Burlingame, J. Barth, and J. Rosendahl. 2016. "Efficacy of Group Psychotherapy for Social Anxiety Disorder: A Meta-Analysis of Randomized-Controlled Trials. " *Journal of Anxiety Disorders* 39: 44-64.

Barlow, D. H. 2002. *Anxiety and Its Disorders: The Nature and Treatment of Anxiety and Panic.* 2nd ed. New York: Guilford Press.

Barnett, S. D. , M. L. Kramer, C. D. Casat, K. M. Connor, and J. R. Davidson. 2002. "Efficacy of Olanzapine in Social Anxiety Disorder: A Pilot Study. " *Journal of Psychopharmacology* 16: 365-368.

Beck, A. T. 1963. "Thinking and Depression: 1. Idiosyncratic Content and Cognitive Distortions. " *Archives of General Psychiatry* 9: 324-333.

Beck, A. T. 1964. "Thinking and Depression: 2. Theory and Therapy. " *Archives of General Psychiatry* 10: 561-571.

Beck, A. T. 1967. *Depression: Causes and Treatment.* Philadelphia: University of Pennsylvania Press. Beck, A. T. 1976. *Cognitive Therapy of the Emotional Disorders.* New York: New American Library.

Bergamaschi, M. M. , R. H. Queiroz, M. H. Chagas, D. C. de Oliveira, B. S. de Martinis, F. Kapczinski et al. , 2011. "Cannabidiol Reduces the Anxiety Induced by Simulated Public Speaking in Treatment Naïve Social Phobia Patients. " *Neuropsychopharmacology* 36: 1219-1226.

Bishop, S. R. , M. Lau, S. Shapiro, L. Carlson, N. D. Anderson, J. Carmody et al. , 2004. "Mindfulness: A Proposed Operational Definition. " *Clinical Psychology: Science and Practice* 11: 230-241.

Blair, K. S. , M. Otero, C. Teng, M. Geraci, E. Lewis, N. Hollon, R. J. Blair, M. Ernst, C. Grillon, and D. S. Pine. 2016. "Learning from Other People's Fear: Amygdala-Based Social Reference Learning in Social Anxiety Disorder. " *Psychological Medicine*46: 2943-2953.

Blöte, A. W. , A. C. Miers, D. A. Heyne, and P. M. Westenberg. 2015. "Social Anxiety and the School Environment of Adolescents. " In *Social Anxiety and Phobia in Adolescents: Development, Manifestation, and Intervention Strategies*, edited by K. Ranta, A. M. La Greca, L. -J. Garcia-Lopez, and M. Marttunen, 151-181. Cham, Switzerland: Springer.

248

Bögels, S. M. , P. Wijts, F. J. Oort, and S. J. Sallaerts. 2014. "Psychodynamic Psychotherapy Versus Cognitive Behavior Therapy for Social Anxiety Disorder: An Efficacy and Partial Effectiveness Trial. " *Depression and Anxiety* 31: 363-373.

Bolton, R. 1979. *People Skills.* New York: Simon and Schuster.

Bouchard, S. , S. Dumoulin, G. Robillard, T. Guitard, E. Klinger, H. Forget, C. Loranger, and F. X. Roucaut. 2017. "Virtual Reality Compared with in Vivo Exposure in the Treatment of Social Anxiety Disorder: A Three-Arm Randomised Controlled Trial. " *British Journal of Psychiatry* 210: 276-283.

Britton, J. C. , and S. L. Rauch. 2009. "Neuroanatomy and Neuroimaging of Anxiety Disorders. " In *Oxford Handbook of Anxiety and Related Disorders*, edited by M. M. Antony and M. B. Stein, 97-110. New York: Oxford University Press.

Buckner, J. D. , N. B. Schmidt, A. R. Lang, J. W. Small, R. C. Schlauch, and P. M. Lewinsohn. 2008. "Specificity of Social Anxiety Disorder as a Risk Factor for Alcohol and Cannabis Dependence. " *Journal of Psychiatric Research* 42: 230-239.

Burns, D. D. 1999. *The Feeling Good Handbook.* Rev. ed. New York: Plume.

Bystritsky, A. , S. Hovav, C. Sherbourne, M. B. Stein, R. D. Rose, L. Campbell-Sills, D. Golinelli, G. Sullivan, M. G. Craske, and P. P. Roy-Byrne. 2012. "Use of Complementary and Alternative Medicine in a Large Group of Anxiety Patients. " *Psychosomatics* 53: 266-272.

Caouette, J. D. , and A. E. Guyer. 2014. "Gaining Insight into Adolescent Vulnerability for Social Anxiety from Developmental Cognitive Neuroscience. " *Developmental Cognitive Neuroscience* 8: 65-76.

Carducci, B. J. , and P. G. Zimbardo. 1995. "Are You Shy?" *Psychology Today*, November/December.

Careri, J. M. , A. E. Draine, R. Hanover, and M. R. Liebowitz. 2015. "A 12-Week Double-Blind, Placebo-Controlled, Flexible-Dose Trial of Vilazodone in Generalized Social Anxiety Disorder. " *Primary Care Companion for CNS Disorders* 17: n. p.

Cascade, E. , A. H. Kalali, and S. H. Kennedy. 2009. "Real-World Data on SSRI Antidepressant Side Effects. " *Psychiatry (Edgemont)* 6: 16-18.

Cheek, J. M. , and A. K. Watson. 1989. "The Definition of Shyness: Psychological Imperialism or Construct Validity?" *Journal of Social Behavior and Personality* 4: 85-95.

Chorpita, B. F. , and D. H. Barlow. 1998. "The Development of Anxiety: The Role of Control in the Early Environment. " *Psychological Bulletin* 124: 3-21.

Clark, D. A. , and A. T. Beck. 2010. *Cognitive Therapy of Anxiety Disorders: Science and Practice.* New York:

Guilford Press.

Clark, D. M. , A. Ehlers, A. Hackmann, F. McManus, M. Fennell, N. Grey, L. Waddington, and J. Wild. 2006. "Cognitive Therapy Versus Exposure and Applied Relaxation in Social Phobia: A Randomized Controlled Trial." *Journal of Consulting and Clinical Psychology* 74: 568-578.

Clark, D. M. , and A. Wells. 1995. "A Cognitive Model of Social Phobia." In *Social Phobia: Diagnosis, Assessment, and Treatment*, edited by R. G. Heimberg, M. R. Liebowitz, D. A. Hope, and F. R. Schneier, 69-93. New York: Guilford Press.

Clark-Elford, R. , P. J. Nathan, B. Auyeung, K. Mogg, B. P. Bradley, A. Sule, U. Müller, R. B. Dudas, B. J. Sahakian, and S. Baron-Cohen. 2014. "Effects of Oxytocin on Attention to Emotional Faces in Healthy Volunteers and Highly Socially Anxious Males." *International Journal of Neuropsychopharmacology* 18: n. p.

Clauss J. A. , S. N. Avery, and J. U. Blackford. 2015. "The Nature of Individual Differences in Inhibited Temperament and Risk for Psychiatric Disease: A Review and Meta-Analysis." *Progress in Neurobiology* 127: 23-45.

Clauss, J. A. , and J. U. Blackford. 2012. "Behavioral Inhibition and Risk for Developing Social Anxiety Disorder: A Meta-Analytic Study." *Journal of the American Academy of Child and Ado-lescent Psychiatry* 51: 1066-1075.

Cohen, J. N. , C. M. Potter, D. A. Drabick, C. Blanco, F. R. Schneier, M. R. Liebowitz, and R. G. Heimberg. 2015. "Clinical Presentation and Pharmacotherapy Response in Social Anxiety Disorder: The Effect of Etiological Beliefs." *Psychiatry Research* 228: 65-71.

Crippa, J. A. , G. N. Derenusson, T. B. Ferrari, L. Wichert-Ana, F. L. Duran, R. Martin-Santos, et al. , 2011. "Neural Basis of Anxiolytic Effects of Cannabidiol in Generalized Social Anxiety Disorder: A Preliminary Report." *Journal of Psychopharmacology* 25: 121-130.

Darwin, C. 1902. *The Descent of Man.* New York: American Home Library.

Davidson, J. R. , E. B. Foa, J. D. Huppert, F. J. Keefe, M. E. Franklin, J. S. Compton, N. Zhao, K. M. Connor, T. R. Lynch, and K. M. Gadde. 2004. "Fluoxetine, Comprehensive Cognitive Behavioral Therapy, and Placebo in Generalized Social Phobia." *Archives of General Psychiatry* 61: 1005-1013.

Davis, M. , E. R. Eshelman, and M. McKay. 2008. *The Relaxation and Stress Reduction Workbook.* 6th ed. Oakland, CA: New Harbinger Publications.

Davis, M. , K. Paleg, and P. Fanning. 2004. *The Messages Workbook: Powerful Strategies for Effective Communication at Work and Home.* Oakland, CA: New Harbinger Publications.

Davis, M. L., J. A. Smits, and S. G. Hofmann. 2014. "Update on the Efficacy of Pharmacotherapy for Social Anxiety Disorder: A Meta-Analysis." *Expert Opinion in Pharmacotherapy* 15: 2281-2291.

Doey, L., R. J. Coplan, and M. Kingsbury. 2014. "Bashful Boys and Coy Girls: A Review of Gender Differences in Childhood Shyness." *Sex Roles* 70: 255-266.

Duarte, N. 2008. *Slide: ology: The Art and Science of Creating Great Presentations.* Sebastopol, CA: O'Reilly Media.

Ellis, A. 1962. *Reason and Emotion in Psychotherapy.* Secaucus, NJ: Lyle Stuart.

Ellis, A. 1989. "This History of Cognition in Psychotherapy." In *Comprehensive Handbook of Cognitive Therapy*, edited by A. Freeman, K. M. Simon, L. E. Beutler, and H. Arkowitz, 5-19. New York: Plenum Press.

Ellis, A. 1993. "Changing the Name of Rational Emotive Therapy (RET) to Rational Emotive Behavior Therapy (REBT)." *Behavior Therapist* 16: 257-258.

Emmelkamp, P. M. G., and H. Wessels. 1975. "Flooding in Imagination vs. Flooding in Vivo: A Comparison with Agoraphobics." *Behaviour Research and Therapy* 13: 7-15.

Essex, M. J., M. H. Klein, M. J. Slattery, H. H. Goldsmith, and N. H. Kalin. 2010. "Early Risk Factors and Developmental Pathways to Chronic High Inhibition and Social Anxiety Disorder in Adolescence." *American Journal of Psychiatry* 167: 40-46.

Faria, V., F. Åhs, L. Appel, C. Linnman, M. Bani, P. Bettica, E. M. Pich, K. Wahlstedt, M. Fredrikson, and T. Furmark. 2014. "Amygdala-Frontal Couplings Characterizing SSRI and Placebo Response in Social Anxiety Disorder." *International Journal of Neuropsychopharmacology* 17: 1149-1157.

Faria, V., L. Appel, F. Åhs, C. Linnman, A. Pissiota, Ö. Frans et al., 2012. "Amygdala Subregions Tied to SSRI and Placebo Response in Patients with Social Anxiety Disorder." *Neuropsychopharmacology* 37: 2222-2232.

Fleming, J. E., and N. L. Kocovski. 2013. *The Mindfulness and Acceptance Workbook for Social Anxiety and Shyness: Using Acceptance and Commitment Therapy to Free Yourself from Fear and Reclaim Your Life.* Oakland, CA: New Harbinger Publications.

Foa, E. B., M. E. Franklin, K. J. Perry, and J. D. Herbert. 1996. "Cognitive Biases in Generalized Social Phobia." *Journal of Abnormal Psychology* 105: 433-439.

Forsyth, J. P., and G. H. Eifert. 2016. *The Mindfulness and Acceptance Workbook for Anxiety: A Guide to Breaking Free from Anxiety, Phobias, and Worry Using Acceptance and Commitment Therapy.* 2nd ed. Oakland, CA: New Harbinger Publications.

Fox, A. S. , and N. H. Kalin. 2014. "A Translational Neuroscience Approach to Understanding the Development of Social Anxiety Disorder and Its Pathophysiology. " *American Journal of Psychiatry* 171: 1162-1173.

Frets, P. G. , C. Kevenaar, and C. van der Heiden. 2014. "Imagery Rescripting as a Stand-Alone Treatment for Patients with Social Phobia: A Case Series. " *Journal of Behavior Therapy and Experimental Psychiatry* 45: 160-169.

Fry, R. 2016. 101 *Great Answers to the Toughest Interview Questions*. 7th ed. Wayne, NJ: Career Press.

Fu, J. ,L. Peng, and X. Li. 2016. "The Efficacy and Safety of Multiple Doses of Vortioxetine for Generalized Anxiety Disorder: A Meta-Analysis. " *Neuropsychiatric Disease and Treatment* 12: 951-959.

Furmark,T. , M. Tillfors, I. Marteinsdottir, H. Fischer, A. Pissiota, B. Langstrom, and M. Fredrikson 2002. "Common Changes in Cerebral Blood Flow in Patients with Social Phobia Treated with Citalopram or Cognitive-Behavioral Therapy. " *Archives of General Psychiatry* 59: 425-433.

Gallagher, M. W. , K. Naragon-Gainey, and T. A. Brown. 2014. "Perceived Control Is a Transdiagnostic Predictor of Cognitive-Behavior Therapy Outcome for Anxiety Disorders. " *Cognitive Therapy and Research* 38: 10-22.

Garner, A. 1997. *Conversationally Speaking: Testing New Ways to Increase Your Personal and Social Effectiveness*. 3rd ed. Los Angeles: Lowell House.

Gethen, R. 2015. "Buddhist Conceptualizations of Mindfulness. " In *Handbook of Mindfulness: Theory, Research, and Practice*, edited by K. W. Brown, J. D. Creswell, and R. M. Ryan, 9-41. New York: Guilford Press.

Gingnell, M. , A. Frick, J. Engman, I. Alaie, J. Björkstrand, V. Faria et al. , 2016. "Combining Escitalopram and Cognitive-Behavioural Therapy for Social Anxiety Disorder: Randomised Controlled fMRI Trial. " *British Journal of Psychiatry* 209: 114-119.

Goldin,P. R. , A. Morrison, H. Jazaieri, G. Brozovich, R. Heimberg, and J. J. Gross. 2016. "Group CBT Versus MBSR for Social Anxiety Disorder: A Randomized Controlled Trial. " *Journal of Consulting and Clinical Psychology* 84: 427-437.

Gorka, S. M. , D. A. Fitzgerald, I. Labuschagne, A. Hosanagar, A. G. Wood, P. J. Nathan, and K. L. Phan. 2015. "Oxytocin Modulation of Amygdala Functional Connectivity to Fearful Faces in Generalized Social Anxiety Disorder. " *Neuropsychopharmacology* 40: 278-286.

Greenberger, D. , and C. A. Padesky. 2016. *Mind Over Mood: Changing How You Feel by Changing the Way You Think*. 2nd ed. New York: Guilford Press.

Guastella, A. J. , A. L. Howard, M. R. Dadds, P. Mitchell, and D. S. Carson. 2009. "A Randomized Controlled Trial of Intranasal Oxytocin as an Adjunct to Exposure Therapy for Social Anxiety Disorder. " *Psychoneu-*

roendocrinology 34: 917-923.

Guastella, A. J., R. Richardson, P. F. Lovibond, R. M. Rapee, J. E. Gaston, P. Mitchell, and M. R. Dadds. 2008. "A Randomized Controlled Trial of D-Cycloserine Enhancement of Exposure Therapy for Social Anxiety Disorder." *Biological Psychiatry* 15: 544-549.

Hagemann, J., T. Straube, and C. Schulz. 2016. "Too Bad: Bias for Angry Faces in Social Anxiety Interferes with Identity Processing." *Neuropsychologia* 84: 136-149.

Hartley, L. R., S. Ungapen, I. Dovie, and D. J. Spencer. 1983. "The Effect of Beta-Adrenergic Blocking Drugs on Speakers' Performance and Memory." *British Journal of Psychiatry* 142: 512-517.

Hattingh, C. J., J. Ipser, S. A. Tromp, S. Syal, C. Lochner, S. J. Brooks, and D. J. Stein. 2013. "Functional Magnetic Resonance Imaging During Emotion Recognition in Social Anxiety Disorder: An Activation Likelihood Meta-Analysis." *Frontiers in Human Neuroscience* 6: 347.

Hayes, S. C., V. M. Follette, and M. M. Linehan. 2004. *Mindfulness and Acceptance: Expanding the Cognitive Behavioral Tradition.* New York: Guilford Press.

Hayes, S. C., and S. Smith. 2005. *Get Out of Your Mind and Into Your Life: The New Acceptance and Commitment Therapy.* Oakland, CA: New Harbinger Publications.

Hayes, S. C., K. D. Strosahl, and K. G. Wilson. 2012. *Acceptance and Commitment Therapy: The Process and Practice of Mindful Change.* 2nd ed. New York: Guilford Press.

Hedges, D. W., B. L. Brown, D. A. Shwalb, K. Godfrey, and A. M. Larcher. 2007. "The Efficacy of Selective Serotonin Reuptake Inhibitors in Adult Social Anxiety Disorder: A Meta-Analysis of Double-Blind, Placebo-Controlled Trials." *Journal of Psychopharmacology* 21: 102-111.

Heimberg, R. G., and R. E. Becker. 2002. *Cognitive-Behavioral Group Therapy for Social Phobia: Basic Mechanisms and Clinical Strategies.* New York: Guilford Press.

Heinrichs, M., T. Baumgartner, C. Kirschbaum, and U. Ehlert. 2003. "Social Support and Oxytocin Interact to Suppress Cortisol and Subjective Responses to Psychosocial Stress." *Biological Psychiatry* 54: 1389-1398.

Henderson, L., and P. Zimbardo. 1999. "Shyness." In *Encyclopedia of Mental Health*, edited by H. S. Friedman. San Diego, CA: Academic Press.

Hirsch, C. R., and D. M. Clark. 2004. "Information-Processing Bias in Social Phobia." *Clinical Psychology Review* 24: 799-825.

Hofmann, S. G. 2005. "Perception of Control over Anxiety Mediates the Relation Between Catastrophic Thinking and Social Anxiety in Social Phobia." *Behaviour Research and Therapy* 43: 885-895.

Hofmann, S. G. 2007. "Cognitive Factors That Maintain Social Anxiety Disorder: A Comprehensive Model and Its Treatment Implications. " *Cognitive Behaviour Therapy* 36: 193-209.

Hofmann, S. G. , J. A. Smits, D. Rosenfield, N. Simon, M. W. Otto, A. E. Meuret, L. Marques, A. Fang, C. Tart, and M. H. Pollack. 2013. "D-Cycloserine as an Augmentation Strategy with Cognitive-Behavioral Therapy for Social Anxiety Disorder. " *American Journal of Psychiatry* 170: 751-758.

Hu, X. H. , S. A. Bull, E. M. Hunkeler, E. Ming, J. Y. Lee, B. Fireman, and L. E. Markson. 2004. "Incidence and Duration of Side Effects and Those Rated as Bothersome with Selective Serotonin Reuptake Inhibitor Treatment for Depression: Patient Report Versus Physician Estimate. " *Journal of Clinical Psychiatry* 65: 959-965.

Hudson, C. , S. Hudson, and J. MacKenzie. 2007. "Protein-Source Tryptophan as an Efficacious Treatment for Social Anxiety Disorder: A Pilot Study. " *Canadian Journal of Physiology and Pharmacology* 85: 928-932.

James, I. M. , W. Burgoyne, and I. T. Savage. 1983. "Effect of Pindolol on Stress-Related Disturbances of Musical Performance: Preliminary Communication. " *Journal of the Royal Society of Medicine* 76: 194-196.

Jang K. L. , W. J. Livesley, and P. A. Vernon. 1996. "Heritability of the Big Five Personality Dimensions and Their Facets: A Twin Study. " *Journal of Personality* 64: 577-591.

Jazaieri, H. , P. R. Goldin, K. Werner, M. Ziv, and J. J. Gross. 2012. "A Randomized Trial of MBSR Versus Aerobic Exercise for Social Anxiety Disorder. " *Journal of Clinical Psychology* 68: 715-731.

Jerremalm, A. , J. Johansson, and L. G. Öst. 1980. "Applied Relaxation as a Self-Control Technique for Social Phobia. " *Scandinavian Journal of Behavioral Therapy* 9: 35-43.

Kabat-Zinn, J. 1994. Wherever You Go, *There You Are: Mindfulness Meditation in Everyday Life*. New York: Hyperion.

Kabat-Zinn, J. 2013. *Full Catastrophe Living: Using the Wisdom of Your Body and Mind to Face Stress, Pain, and Illness*. Rev. ed. New York: Dell Publishing.

Kagan, J. , J. S. Reznick, C. Clarke, N. Snidman, and C. Garcia-Coll. 1984. "Behavioral Inhibition to the Unfamiliar. " *Child Development* 55: 2212-2225.

Kaplan, S. C. , C. A. Levinson, T. L. Rodebaugh, A. Menatti, and J. W. Weeks. 2015. "Social Anxiety and the Big Five Personality Traits: The Interactive Relationship of Trust and Openness. " *Cognitive Behaviour Therapy* 44: 212-222.

Katzman, M. A. , P. Bleau, P. Chokka, K. Kjernisted, M. van Ameringen, and the Canadian Anxiety Guidelines Initiative Group. 2014. "Canadian Clinical Practice Guidelines for the Management of Anxiety,

Posttraumatic Stress and Obsessive-Compulsive Disorders. " *BMC Psychiatry* 14 (Suppl. 1): 1-83.

Kendler, K. , J. Myers, C. Prescott, and M. C. Neale. 2001. "The Genetic Epidemiology of Irrational Fears and Phobias in Men. " *Archives of General Psychiatry* 58: 257-265.

Kessler, R. C. , P. Berglund, O. Demler, R. Jin, and E. E. Walters. 2005. "Lifetime Prevalence and Age-of-Onset Distributions of DSM-IV Disorders in the National Comorbidity Survey Replication. " *Archives of General Psychiatry* 62: 593-602.

Kessler, R. C. , A. M. Ruscio, K. Shear, and H. U. Wittchen. 2009. "Epidemiology of Anxiety Disorders. " In *Oxford Handbook of Anxiety and Related Disorders*, edited by M. M. Antony and M. B. Stein, 19-33. New York: Oxford University Press.

Khdour, H. Y. , O. M. Abushalbaq, I. T. Mughrabi, A. F. Imam, M. A. Gluck, M. M. Herzallah, and A. A. Moustafa. 2016. "Generalized Anxiety Disorder and Social Anxiety Disorder, but Not Panic Anxiety Disorder, Are Associated with Higher Sensitivity to Learning from Negative Feedback: Behavioral and Computational Investigation. " *Frontiers in Integrative Neuroscience* 10: 20.

Knappe, S. , S. Sasagawa, and C. Creswell. 2015. "Developmental Epidemiology of Social Anxiety and Social Phobia in Adolescents. " In *Social Anxiety and Phobia in Adolescents: Development, Manifestation and Intervention Strategies*, edited by K. Ranta, A. M. La Greca, L. -J. Garcia-Lopez, and M. Marttunen, 39-70. Cham, Switzerland: Springer.

Knox, D. , V. Daniels, L. Sturdivant, and M. E. Zusman. 2001. "College Student Use of the Internet for Mate Selection. " *College Student Journal* 35: 158-161.

Kobak, K. A. , L. V. Taylor, G. Warner, and R. Futterer. 2005. "St. John's Wort Versus Placebo in Social Phobia: Results from a Placebo-Controlled Pilot Study. " *Journal of Clinical Psychopharmacology* 25: 51-58.

Kocovski, N. L. , J. E. Fleming, L. L. Hawley, V. Huta, and M. M. Antony. 2013. "Mindfulness and Acceptance Based Group Therapy Versus Traditional Cognitive Behavioral Group Therapy for Social Anxiety Disorder: A Randomized Controlled Trial. " *Behaviour Research and Therapy* 51: 889-898.

Korte, K. J. , A. S. Unruh, M. E. Oglesby, and N. B. Schmidt. 2015. "Safety Aid Use and Social Anxiety Symptoms: The Mediating Role of Perceived Control. " *Psychiatry Research* 228: 510-515.

Krans, J. , J. de Bree, and R. A. Bryant. 2014. "Autobiographical Memory Bias in Social Anxiety. " *Memory* 22: 890-897.

Kuckertz, J. M. , and N. Amir. 2014. "Cognitive Biases in Social Anxiety Disorder. " In *Social Anxiety: Clinical, Developmental, and Social Perspectives*, 3rd ed. , edited by S. G. Hofmann and P. M. DiBartolo, 483-510.

New York: Academic Press.

Labuschagne, I., K. L. Phan, A. Wood, M. Angstadt, P. Chua, M. Heinrichs, J. C. Stout, and P. J. Nathan. 2010. "Oxytocin Attenuates Amygdala Reactivity to Fear in Generalized Social Anxiety Disorder." *Neuropsychopharmacology* 35: 2403-2413.

Laumann, E. O., J. H. Gagnon, R. T. Michael, and S. Michaels. 1994. *The Social Organization of Sexuality: Sexual Practices in the United States.* Chicago: University of Chicago Press.

Leichsenring, F., S. Salzer, M. E. Beutel, S. Herpertz, W. Hiller, J. Hoyer et al., 2013. "Psychodynamic Therapy and Cognitive-Behavioral Therapy in Social Anxiety Disorder: A Multicenter Randomized Controlled Trial." *American Journal of Psychiatry* 170: 759-767.

Liebowitz, M. R., R. G. Heimberg, F. R. Schneier, D. A. Hope, S. Davies, C. S. Holt et al., 1999. "Cognitive- Behavioral Group Therapy Versus Phenelzine in Social Phobia: Long Term Outcome." *Depression and Anxiety* 10: 89-98.

Lundh, L.-G., and L.-G. Öst. 1996. "Recognition Bias for Critical Faces in Social Phobics." *Behaviour Research and Therapy* 34: 787-794.

Mayo-Wilson, E., S. Dias, I. Mavranezouli, K. Kew, D. M. Clark, A. E. Ades, and S. Pilling. 2014. "Psychological and Pharmacological Interventions for Social Anxiety Disorder in Adults: A Systematic Review and Network Meta-Analysis." *Lancet Psychiatry* 1: 368-376.

McCabe, R. E., M. M. Antony, L. J. Summerfeldt, A. Liss, and R. P. Swinson. 2003. "A Preliminary Examination of the Relationship Between Anxiety Disorders in Adults and Self-Reported History of Teasing or Bullying Experiences." *Cognitive Behaviour Therapy* 32: 187-193.

McCabe, R. E., A. R. Ashbaugh, and M. M. Antony. 2010. "Specific and Social Phobias." In *Handbook of Assessment and Treatment Planning for Psychological Disorders*, 2nd ed., edited by M. M. Antony and D. H. Barlow, 186-223. New York: Guilford Press.

McCann, R. A., C. M. Armstrong, N. A. Skopp, A. Edwards-Stewart, D. J. Smolenski, J. D. June, M. Metzger- Abamukong, and G. M. Reger. 2014. "Virtual Reality Exposure Therapy for the Treatment of Anxiety Disorders: An Evaluation of Research Quality." *Journal of Anxiety Disorders* 28: 625-631.

McKay, M., M. Davis, and P. Fanning. 2009. *Messages: The Communication Skills Book.* 3rd ed. Oakland, CA: New Harbinger Publications.

Meichenbaum, D. H. 1977. *Cognitive Behavior Modification: An Integrative Approach.* New York: Plenum Press.

Meyerbröker, K. 2014. "Virtual Reality Exposure Therapy." In *Wiley Handbook of Anxiety Disorders*, edited by P.

Emmelkamp and T. Ehring, 1310-1324. Hoboken, NJ: John Wiley and Sons.

Miller, W. R. , and S. Rollnick. 2013. *Motivational Interviewing: Helping People Change.* 3rd ed. New York: Guilford Press.

Moalem, S. , and P. Prince. 2007. *Survival of the Sickest: A Medical Maverick Discovers Why We Need Disease.* New York: Harper Collins.

Monarth, H. , and L. Kase. 2007. *The Confident Speaker: Beat Your Nerves and Communicate at Your Best in Any Situation.* New York: McGraw-Hill.

Morgan, J. 2010. "Autobiographical Memory Biases in Social Anxiety. " *Clinical Psychology Review* 30: 288-297.

Moscovitch, D. A. , T. L. Rodebaugh, and B. D. Hesch. 2012. "How Awkward! Social Anxiety and the Perceived Consequences of Social Blunders. " *Behaviour Research and Therapy* 50: 142-149.

Mulkens, S. , P. J. de Jong, A. Dobbelaar, and S. M. Bögels. 1999. "Fear of Blushing: Fearful Preoccupation Irrespective of Facial Coloration. " *Behaviour Research and Therapy* 37: 1119-1128.

National Collaborating Centre for Mental Health. 2013. *Social Anxiety Disorder: The NICE Guideline on Recognition, Assessment, and Treatment.* London, UK: British Psychological Society and Royal College of Psychiatrists.

Nesse, R. M. , and G. C. Williams. 1994. *Why We Get Sick: The New Science of Darwinian Medicine.* New York: Vintage Books.

Niles, A. N. , M. G. Craske, M. D. Lieberman, and C. Hur. 2015. "Affect Labeling Enhances Exposure Effectiveness for Public Speaking Anxiety. " *Behaviour Research and Therapy* 68: 27-36.

Norton, A. R. , M. J. Abbott, M. M. Norberg, and C. Hunt. 2015. "A Systematic Review of Mindfulness and Acceptance-Based Treatments for Social Anxiety Disorder. " *Journal of Clinical Psychology* 71: 283-301.

Olendzki, A. 2014. "From Early Buddhist Traditions to Western Psychological Science. " In *The Wiley Blackwell Handbook of Mindfulness*, edited by A. Ie, C. T. Ngnoumen, and E. L. Langer. Hoboken, NJ: John Wiley and Sons.

Orsillo, S. M. , and L. Roemer. 2016. *Worry Less, Live More: The Mindful Way Through Anxiety Workbook.* New York: Guilford Press.

Phan, K. L. ,D. A. Fitzgerald, P. J. Nathan, and M. E. Tancer. 2006. "Association Between Amygdala Hyperactivity to Harsh Faces and Severity of Social Anxiety in Generalized Social Phobia. " *Biological Psychiatry* 59: 424-429.

Phan, K. L. , and H. Klump. 2014. "Neuroendocrinology and Neuroimaging Studies of Social Anxiety Disorder. "

In *Social Anxiety: Clinical, Developmental, and Social Perspectives*, 3rd ed. , edited by S. G. Hofmann and P. M. DiBartolo, 333-376. New York: Academic Press.

Pierce, K. A. , and D. R. Kirkpatrick. 1992. "Do Men Lie on Fear Surveys?" *Behaviour Research and Therapy* 30: 415-418.

Plasencia, M. L. , L. E. Alden, and C. T. Taylor. 2011. "Differential Effects of Safety Behaviour Subtypes in Social Anxiety Disorder. " *Behaviour Research and Therapy* 49: 665-675.

Plomin, R. 1989. "Environment and Genes: Determinants of Behavior. " *American Psychologist* 44: 105-111.

Pollack, M. H. , M. van Ameringen, N. M. Simon, J. W. Worthington, E. A. Hoge, A. Keshaviah, and M. B. Stein. 2014. "A Double-Blind Randomized Controlled Trial of Augmentation and Switch Strategies for Refractory Social Anxiety Disorder. " *American Journal of Psychiatry* 171: 44-53.

Power, R. A. , and M. Pluess. 2015. "Heritability Estimates of the Big Five Personality Traits Based on Common Genetic Variants. " *Translational Psychiatry* 5 (e604): doi:10. 1038/tp. 2015. 96.

Prochaska, J. O. , C. C. DiClemente, and J. Norcross. 1992. "In Search of How People Change. " *American Psychologist* 47: 1102-1114.

Procyshyn, R. M. , K. Z. Bezchlibnyk-Butler, and J. J. Jeffries. 2017. *Clinical Handbook of Psychotropic Drugs*. 22nd ed. Göttingen, Germany: Hogrefe.

Rachman, S. J. 1976. "The Passing of the Two-Stage Theory of Fear and Avoidance: Fresh Possibilities. " *Behaviour Research and Therapy* 14: 125-131.

Rapee, R. M. , M. J. Abbott, A. J. Baillie, and J. E. Gaston. 2007. "Treatment of Social Phobia Through Pure Self-Help and Therapist-Augmented Self-Help. " *British Journal of Psychiatry* 191: 246-252.

Rapee, R. M. , and L. Lim. 1992. "Discrepancy Between Self- and Observer Ratings of Performance in Social Phobics. " *Journal of Abnormal Psychology* 101: 728-731.

Reimer, S. G. , and D. A. Moscovitch. 2015. "The Impact of Imagery Rescripting on Memory Appraisals and Core Beliefs in Social Anxiety Disorder. " *Behaviour Research and Therapy* 75: 48-59.

Rosenbaum, J. F. , J. Biederman, E. A. Bolduc-Murphy, S. V. Faraone, J. Chaloff, D. R. Hirschfeld, and J. Kagan. 1993. "Behavioral Inhibition in Childhood: A Risk Factor for Anxiety Disorders. " *Harvard Review of Psychiatry* 1: 2-16.

Rosenfeld, M. J. , and R. J. Thomas. 2012. "Searching for a Mate: The Rise of the Internet as a Social Intermediary. " *American Sociological Review* 77: 523-547.

Rowa, K. , S. Gifford, R. McCabe, I. Milosevic, M. M. Antony, and C. Purdon. 2014. "Treatment Fears in

Anxiety Disorders: Development and Validation of the Treatment Ambivalence Questionnaire. " *Journal of Clinical Psychology* 70: 979-993.

Safren, S. A. , R. G. Heimberg, and H. R. Juster. 1997. "Clients' Expectancies and Their Relationship to Pretreatment Symptomatology and Outcome of Cognitive-Behavioral Group Treatment for Social Phobia. " *Journal of Consulting and Clinical Psychology* 65: 694-698.

Sarris, J. , S. Moylan, D. A. Camfield, M. P. Pase, D. Mischoulon, M. Berk, F. N. Jacka, and I. Schweitzer. 2012. "Complementary Medicine, Exercise, Meditation, Diet, and Lifestyle Modification for Anxiety Disorders: A Review of Current Evidence. " *Evidence-Based Complementary and Alternative Medicine* 2012: Article ID 809653.

Scaini, S. , R. Belotti, and A. Ogliari. 2014. "Genetic and Environmental Contributions to Social Anxiety Across Different Ages: A Meta-Analytic Approach to Twin Data. " *Journal of Anxiety Disorders* 28: 650-656.

Schneier, F. R. , L. B. Bragdon, C. Blanco, and M. R. Liebowitz. 2014. "Pharmacological Treatment for Social Anxiety Disorder. " In *The Wiley Blackwell Handbook of Social Anxiety Disorder*, edited by J. W. Weeks, 521-546. Malden, MA: John Wiley and Sons.

Seedat, S. , and M. B. Stein. 2004. "Double-Blind, Placebo-Controlled Assessment of Combined Clonazepam with Paroxetine Compared with Paroxetine Monotherapy for Generalized Social Anxiety Disorder. " *Journal of Clinical Psychiatry* 65: 244-248.

Segal, Z. V. , M. G. Williams, and J. D. Teasdale. 2013. *Mindfulness-Based Cognitive Therapy for Depression.* 2nd ed. New York: Guilford Press.

Simon, N. M. , J. J. Worthington, S. J. Moshier, E. H. Marks, E. A. Hoge, M. Brandes, H. Delong, and M. H. Pollack. 2010. "Duloxetine for the Treatment of Generalized Social Anxiety Disorder: A Preliminary Randomized Trial of Increased Dose to Optimize Response. " *CNS Spectrums* 15: 367-373.

Smith, A. , and M. Anderson. 2016. "5 Facts About Online Dating. " Pew Research Center, February 29.

Smits, J. A. , D. Rosenfield, M. L. Davis, K. Julian, P. R. Handelsman, M. W. Otto et al. , 2014. "Yohimbine Enhancement of Exposure Therapy for Social Anxiety Disorder: A Randomized Controlled Trial. " *Biological Psychiatry* 75: 840-846.

Smits, J. A. , D. Rosenfield, M. W. Otto, L. Marques, M. L. Davis, A. E. Mueret, N. M. Simon, M. H. Pollack, and S. G. Hofmann. 2013. "D-Cycloserine Enhancement of Exposure Therapy for Social Anxiety Disorder Depends on the Success of Exposure Sessions. " *Journal of Psychiatric Research* 47: 1455-1461.

Social Anxiety Disorder Clinical Practice Review Task Force. 2015. "Clinical Practice Review for Social Anxiety

Disorder. "

Somers, J. M. , E. M. Goldner, P. Waraich, and L. Hsu. 2006. "Prevalence and Incidence Studies of the Anxiety Disorders: A Systematic Review of the Literature. " *Canadian Journal of Psychiatry* 51: 100-113.

Spence, S. H. , and R. M. Rapee. 2016. "The Etiology of Social Anxiety Disorder: An EvidenceBased Model. " *Behaviour Research and Therapy* 86: 50-67.

Stangier, U. , E. Schramm, T. Heidenreich, M. Berger, and D. M. Clark. 2011. "Cognitive Therapy vs. Interpersonal Psychotherapy in Social Anxiety Disorder: A Randomized Controlled Trial. " *Archives of General Psychiatry* 68: 692-700.

Steenen, S. A. , A. J. van Wijk, G. J. van der Heijden, R. van Westrhenen, J. de Lange, and A. de Jongh. 2016. "Propanolol for the Treatment of Anxiety Disorders: Systematic Review and Meta-Analysis. " *Journal of Psychopharmacology* 30: 128-139.

Stein, M. B. , M. J. Chartier, A. L. Hazen, M. V. Kozak, M. E. Tancer, S. Lander, P. Furer, D. Chubaty, and J. R. Walker. 1998. "A Direct-Interview Family Study of Generalized Social Phobia. " *American Journal of Psychiatry* 155: 90-97.

Stein, M. B. , P. R. Goldin, J. Sareen, L. T. Zorrilla, and G. G. Brown. 2002. "Increased Amygdala Activation to Angry and Contemptuous Faces in Generalized Social Phobia. " *Archives of General Psychiatry* 59: 1027-1034.

Stein, M. B. , K. L. Jang, and W. J. Livesley. 2002. "Heritability of Social Anxiety-Related Concerns and Personality Characteristics: A Twin Study. " *Journal of Nervous and Mental Disease* 190: 219-224.

Stevens, S. , B. Cludius, T. Bantin, C. Hermann, and A. L. Gerlach. 2014. "Influence of Alcohol on Social Anxiety: An Investigation of Attentional, Physiological, and Behavioral Effects. " *Biological Psychology* 96: 126-133.

Stoddard, J. A. , and N. Afari. 2014. *The Big Book of ACT Metaphors: A Practitioner's Guide to Experiential Exercises and Metaphors in Acceptance and Commitment Therapy.* Oakland, CA: New Harbinger Publications.

Suárez, L. , S. Bennett, C. Goldstein, and D. H. Barlow. 2009. "Understanding Anxiety Disorders from a 'Triple Vulnerability' Framework. " In *Oxford Handbook of Anxiety and Related Disorders*, edited by M. M. Antony and M. B. Stein, 153-172. New York: Oxford University Press.

Torvik, F. A. , A. WelanderVatn, E. Ystrom, G. P. Knudsen, N. Czajkowski, K. S. Kendler, and T. Reichborn Kjennerud. 2016. "Longitudinal Associations Between Social Anxiety Disorder and Avoidant Personality Disorder: A Twin Study. " *Journal of Abnormal Psychology* 125: 114-124.

Treanor, M. , S. M. Erisman, K. Salters-Pedneault, L. Roemer, and S. M. Orsillo. 2011. "Acceptance-Based Behavioral Therapy for GAD: Effects on Outcomes from Three Theoretical Models. " *Depression and Anxiety* 28: 127-136.

Turk, C. L. , R. G. Heimberg, S. M. Orsillo, C. S. Holt, A. Gitow, L. L. Street, F. R. Schneier, and M. R. Liebowitz. 1998. "An Investigation of Gender Differences in Social Phobia. " *Journal of Anxiety Disorders* 12: 209-223.

Vaishnavi S. , S. Alamy, W. Zhang, K. M. Conor, and J. R. Davidson. 2007. "Quetiapine as Monotherapy for Social Anxiety Disorder: A Placebo-Controlled Study. " *Progress in Neuropsychopharmacology and Biological Psychiatry* 31: 1464-1469.

Weeks, J. W. 2014. *The Wiley Blackwell Handbook of Social Anxiety Disorder.* Malden, MA: John Wiley and Sons.

Wild, J. , and D. M. Clark. 2011. "Imagery Rescripting of Early Traumatic Memories in Social Phobia. " *Cognitive and Behavioral Practice* 18: 433-443.

Willers, L. E. , N. C. Vulink, D. Denys, and D. J. Stein. 2013. "The Origin of Anxiety Disorders: An Evolutionary Approach. " *Modern Trends in Pharmacopsychiatry* 29: 16-23.

Xu, Y. , F. Schneier, R. G. Heimberg, K. Princisvalle, M. R. Liebowitz, S. Wang, and C. Blanco. 2012. "Gender Differences in Social Anxiety Disorder: Results from the National Epidemiologic Sample on Alcohol and Related Conditions. " *Journal of Anxiety Disorders* 26: 12-19.

Yokoyama, C. , H. Kaiya, H. Kumano, M. Kinou, T. Umekage, S. Yasuda et al. , 2015. "Dysfunction of Ventrolateral Prefrontal Cortex Underlying Social Anxiety Disorder: A Multi-Channel NIRS Study. " *Neuroimage: Clinical* 8: 455-461.

Zimbardo, P. G. , P. A. Pilkonis, and R. M. Norwood. 1975. "The Social Disease of Shyness. " *Psychology Today* 8: 68-72.

Zuckoff, A. , and B. Gorscak. 2015. *Finding Your Way to Change: How the Power of Motivational Interviewing Can Reveal What You Want and Help You Get There.* New York: Guilford Press.

图书在版编目（CIP）数据

羞涩与社交焦虑手册：原书第 3 版／（加）马丁·M.
安东尼（Martin M. Antony），（加）理查德·P. 斯文森
（Richard P. Swinson）著；王鹏飞，李桃译. -- 重庆：
重庆大学出版社，2021.8
（鹿鸣心理. 心理自助系列）
书名原文：The Shyness & Social Anxiety
Workbook：Proven，Step-by-Step Techniques for
Overcoming Your Fear（third edition）
ISBN 978-7-5689-2874-8

Ⅰ. ①羞… Ⅱ. ①马… ②理… ③王… ④李… Ⅲ.
①焦虑-自我控制-手册 Ⅳ. ①B842.6-62

中国版本图书馆 CIP 数据核字（2021）第 137093 号

羞涩与社交焦虑手册（原书第 3 版）

XIUSE YU SHEJIAO JIAOLÜ SHOUCE（YUANSHU DISANBAN）

［加］马丁·M. 安东尼（Martin M. Antony）
［加］理查德·P. 斯文森（Richard P. Swinson） 著
王鹏飞 李桃 译
鹿鸣心理策划人：王 斌

责任编辑：赵艳君 刘秀娟 版式设计：赵艳君
责任校对：刘志刚 责任印制：赵 晟

*

重庆大学出版社出版发行
出版人：饶帮华
社址：重庆市沙坪坝区大学城西路 21 号
邮编：401331
电话：（023）88617190 88617185（中小学）
传真：（023）88617186 88617166
网址：http://www.cqup.com.cn
邮箱：fxk@cqup.com.cn（营销中心）
全国新华书店经销
重庆市正前方彩色印刷有限公司印刷

*

开本：787mm×1092mm 1/16 印张：17.25 字数：304 千
2021 年 9 月第 1 版 2021 年 9 月第 1 次印刷
ISBN 978-7-5689-2874-8 定价：69.00 元